高等职业教育“十四五”规划教材

大学信息技术实训教程

主　编　任云晖　丁　红　赵琳琳

主　审　刘　峻

中国水利水电出版社
www.waterpub.com.cn
·北京·

内 容 提 要

本书通篇贯穿着“项目为主线”的开发思路和“教学做合一”的教学理念，所有内容的设计都是围绕着一个个项目而展开的，读者可以边做边学、边学边做。

本书主要内容包括 Windows 7 的基本知识和基本操作、Word 2016 的应用、Excel 2016 的应用、PowerPoint 2016 的应用、网络基本操作和全国计算机等级考试一级模拟实战。每一部分内容都将知识点分解在一个个微型项目中，实践性强。

本书可以作为普通高等院校、高职院校、各类技术师范学院“大学计算机应用基础”或者“信息技术”相关课程的教材，也可以作为各类技术人员或爱好者的自学用书。

图书在版编目（CIP）数据

大学信息技术实训教程 / 任云晖，丁红，赵琳琳主编. -- 北京 : 中国水利水电出版社，2021.8（2025.2 重印）
高等职业教育“十四五”规划教材
ISBN 978-7-5170-9859-1

Ⅰ. ①大… Ⅱ. ①任… ②丁… ③赵… Ⅲ. ①电子计算机－高等职业教育－教材 Ⅳ. ①TP3

中国版本图书馆CIP数据核字(2021)第169902号

策划编辑：石永峰　责任编辑：魏渊源　加工编辑：韩莹琳　封面设计：李　佳

书　名	高等职业教育“十四五”规划教材 **大学信息技术实训教程** DAXUE XINXI JISHU SHIXUN JIAOCHENG
作　者	主　编　任云晖　丁　红　赵琳琳 主　审　刘　峻
出版发行	中国水利水电出版社 （北京市海淀区玉渊潭南路 1 号 D 座　100038） 网址：www.waterpub.com.cn E-mail：mchannel@263.net（答疑） sales@mwr.gov.cn 电话：（010）68545888（营销中心）、82562819（组稿）
经　售	北京科水图书销售有限公司 电话：（010）68545874、63202643 全国各地新华书店和相关出版物销售网点
排　版	北京万水电子信息有限公司
印　刷	三河市德贤弘印务有限公司
规　格	184mm×260mm　16 开本　10.75 印张　268 千字
版　次	2021 年 8 月第 1 版　2025 年 2 月第 5 次印刷
印　数	13501—13800 册
定　价	30.00 元

前　　言

信息技术是高等院校的专业基础课程，其中信息技术实训主要包括 Windows 基本操作和 Office 办公软件的应用。

本书根据全国计算机一级考试大纲拟定教材内容，主要包括 Windows 7 操作系统的应用、Word 2016 的应用、Excel 2016 的应用、PowerPoint 2016 的应用、网络操作基础知识和全国计算机一级考试模拟试题。

本书通篇贯穿着“项目为主线”的开发思路和“教学做合一”的教学理念，主要具有以下特点：

（1）乐学易学的训练微项目。针对每个知识点和技能点都精心设置了训练微项目，读者可以边做边学，在实践中学习操作要点。

（2）综合训练的实训项目。本书最后安排了一个全国一级考试模拟试题，并配有详细的操作步骤。读者学完本书内容以后，可以通过这套模拟试题来综合训练本书的所有知识点，对自己的学习结果做一个全面的测试。

本书由任云晖、丁红、赵琳琳任主编，刘峻任主审。刘峻对全书的编写提供了指导并制定编写原则，由任云晖拟定编写大纲并组织实施。其中，第 1 章由高辉老师编写，第 2 章由孙娟老师编写，第 3 章由张乾老师编写，第 4 章由赵琳琳老师编写，第 5 章由陈天文老师编写，第 6 章由丁红老师编写。全书由丁红老师统稿。

本书在编写过程中，得到了中国水利水电出版社的大力支持，在此表示衷心的感谢！同时对关心和帮助本书出版的所有同志以及本书所参考的文献著作者致以诚挚的谢意！

教材如有不当之处，欢迎批评指正，编者的联系信箱：hebiancao65@163.com

编　者

2021 年 4 月

目　　录

第 1 章　Windows 7 操作系统

项目 1　Windows 7 的基本操作

一、学习目标

（1）掌握 Windows 7 的启动与退出的方法。
（2）掌握 Windows 7 中应用程序的启动、退出及切换方法。
（3）掌握 Windows 7 快捷方式的创建方法及桌面图标的排列方式。

二、项目内容及步骤

项目 1.1：Windows 7 的启动与退出

（1）启动 Windows 7 操作系统。打开主机电源后，计算机的启动程序先对机器进行自检，通过自检后进入 Windows 7 操作系统界面，屏幕上出现 Windows 7 桌面。

（2）重新启动 Windows 7。单击桌面左下角的“开始”菜单图标，打开“开始”菜单，再单击“关机”按钮右侧的▶按钮，弹出如图 1-1 所示的子菜单，选择“重新启动”命令，Windows 7 重新启动成功，屏幕上出现 Windows 7 桌面。重启之前系统会将当前运行的程序关闭，并将一些重要的数据保存起来。

图 1-1　“电源”菜单列表

（3）睡眠模式。单击如图 1-1 所示菜单中的“睡眠”命令，计算机就会在自动保存完内存数据后进入睡眠状态。

当用户按一下主机上的电源按钮、晃动鼠标或者按键盘上的任意键时，都可以将计算机从睡眠状态中唤醒，使其进入工作状态。

（4）注销计算机。单击如图 1-1 所示菜单中的“注销”命令，Windows 7 会关闭当前用户界面的所有程序，并出现登录界面让用户重新登录。

（5）锁定计算机。单击如图 1-1 所示菜单中的“锁定”命令，锁定后屏幕的右下角会出现“解锁”图标。当单击解锁图标时，会出现用户登录界面，必须输入正确的登录密码后才能正常操作计算机。

（6）关闭 Windows 7。单击图 1-1 中的“关机”按钮，这时系统会自动将当前运行的程序关闭，并将一些重要的数据保存，之后关闭计算机。

项目 1.2：Windows 7 中应用程序的启动、退出及切换方法

（1）应用程序的启动。

【项目 1.2.1】启动“写字板”“计算机”Microsoft Word 等应用程序。

操作方法如下：

1）使用“开始”菜单启动“写字板”应用程序。选择“开始”→“附件”→“写字板”命令，即可打开“写字板”程序，如图 1-2 所示。

2）使用桌面快捷方式图标启动 Microsoft Word。双击桌面上的 Word 2016 快捷方式图标，即可打开 Word 应用程序，如图 1-3 所示。

图 1-2 “开始”菜单

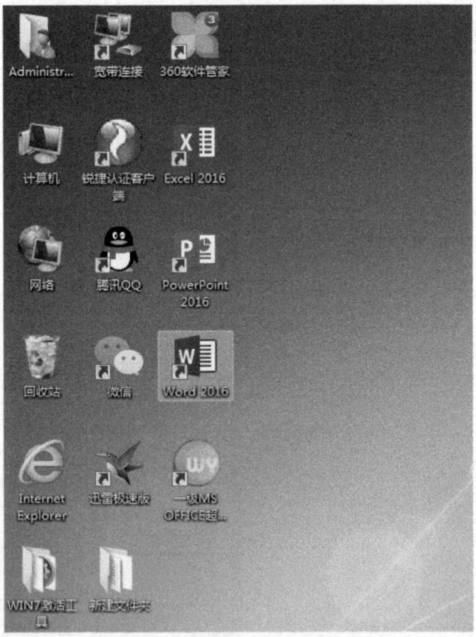

图 1-3 桌面快捷方式图标

3）使用快捷菜单启动“计算机”应用程序。右击“计算机”图标，在弹出的快捷菜单中选择“打开”命令，即可打开“计算机”，如图 1-4 所示。

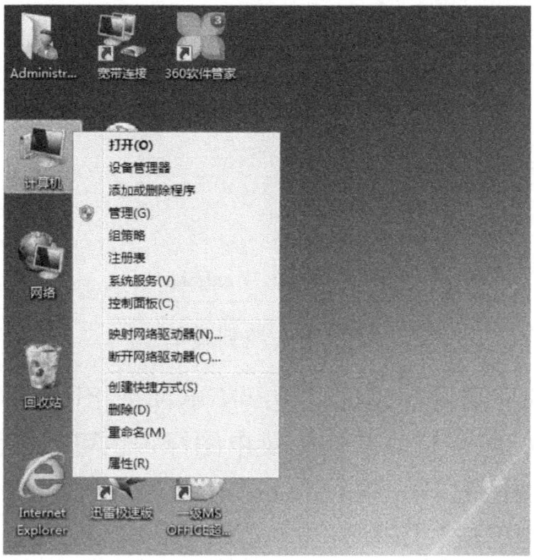

图 1-4 快捷菜单

（2）应用程序窗口之间的切换。

【项目 1.2.2】将“写字板”“画图”“计算机”和“Word 文档”多个应用程序窗口打开，进行活动窗口切换。

操作方法如下：

1）用鼠标进行切换。单击任务栏上对应的应用程序图标“画图”，“画图”应用程序变成活动窗口，这样可以使用画图程序。

2）用键盘进行切换。

- 用 Alt+Esc 组合键进行切换。首先按下 Alt 键并保持，然后再按 Esc 键选择需要打开的窗口。

操作提示：Alt+Esc 组合键只能在非最小化的窗口之间切换。

- 用 Alt+Tab 组合键进行切换。按 Alt+Tab 组合键，屏幕上会出现切换缩略图，如图 1-5 所示。按住 Alt 键并保持，然后通过不断按下 Tab 键在缩略图中选择需要打开的窗口。选中后，释放 Alt 和 Tab 两个键，选择的窗口即为当前活动窗口。

图 1-5 切换缩略图

（3）退出应用程序。

【项目 1.2.3】将图 1-5 中的多个应用程序（“写字板”“画图”“Word 文档”及“计算机”）关闭。

1）单击“写字板”标题栏右侧的“关闭”按钮，关闭“写字板”。

2）单击“画图”程序标题栏左侧的控制菜单图标，如图 1-6 所示，在弹出的控制菜单中选择“关闭”命令，关闭“画图”程序。

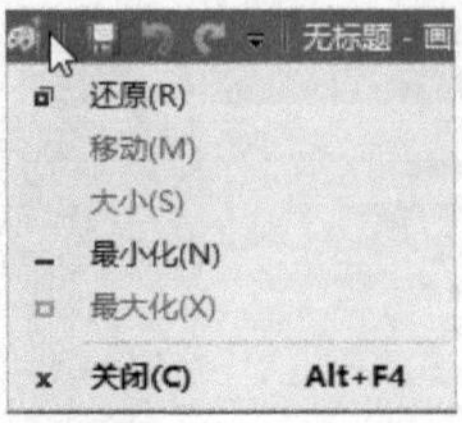

图 1-6　控制菜单

操作提示：对于所有的应用程序来说，控制菜单都是相同的。

3）双击“画图”程序标题栏左侧的控制菜单图标，也可以关闭“画图”程序。

4）同时按下 Alt 键和功能键 F4，关闭 Word 文档。

操作提示：Alt+F4 组合键是关闭应用程序窗口的快捷键。

项目 1.3：Windows 7 中快捷方式的创建方法及桌面图标排列

（1）快捷菜单的创建。

在桌面上为“计算器”、Microsoft Excel、Internet explore 创建快捷方式，快捷方式创建方法如下：

1）使用鼠标拖动创建快捷方式。单击“开始”→“附件”，将鼠标指针移动到“计算器”，按住鼠标左键直接拖动到桌面，在桌面就创建了“计算器”的快捷方式。

操作提示：“开始”菜单中包含的各个应用程序均可使用此方法创建快捷方式。

2）使用快捷菜单中“发送到”命令创建快捷方式。在“计算机”中打开 C:\Program Files\Microsoft Office\Office16，右击 Excel 程序文件图标后弹出快捷菜单，选择“发送到”→“桌面快捷方式”命令，如图 1-7 所示，之后在桌面上就创建了 Microsoft Excel 快捷方式。

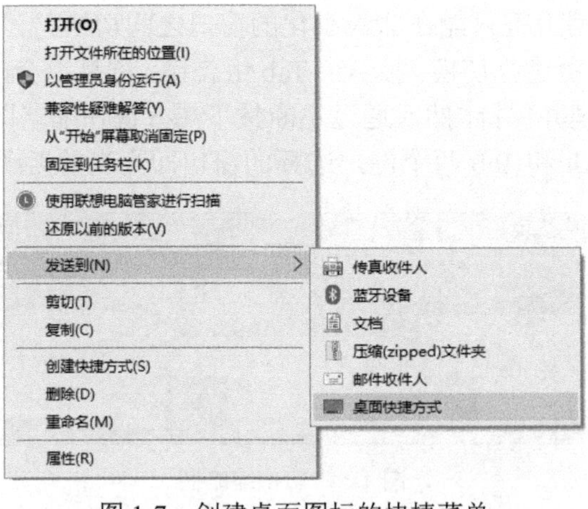

图 1-7　创建桌面图标的快捷菜单

3）使用快捷菜单中的“创建快捷方式”命令创建快捷方式。右击 Excel 程序文件图标，在弹出的快捷菜单中选择“创建快捷方式”命令，在当前文件夹中就创建了 Microsoft Excel 快捷方式，然后将新创建的快捷方式图标移动至桌面。

4）使用快捷菜单中“新建”命令创建快捷方式。首先右击桌面空白处，弹出桌面快捷菜单，如图 1-8 所示，选择“新建”→“快捷方式”命令，在弹出的“创建快捷方式”对话框中进行设置，如图 1-9 所示。

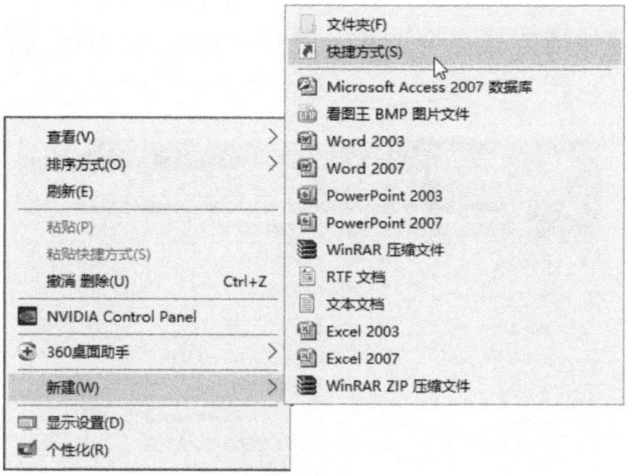

图 1-8 桌面快捷菜单及“新建”菜单列表

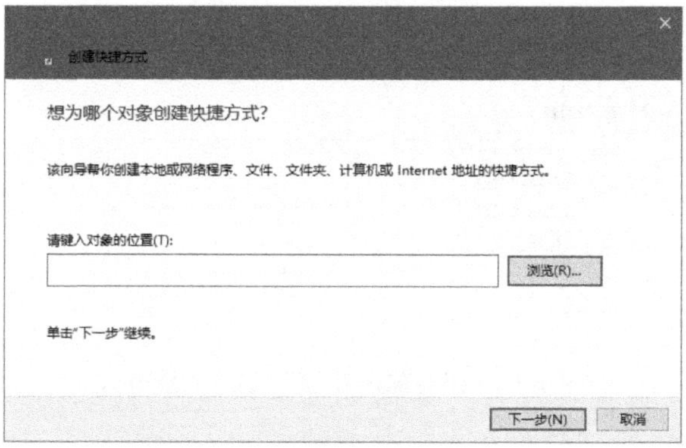

图 1-9 “创建快捷方式”对话框

然后单击“浏览”按钮，打开“浏览文件或文件夹”对话框，如图 1-10 所示。选择 iexplore，单击“确定”按钮，则图 1-9 中“请键入对象的位置”文本框中显示 iexplore 的路径和文件名。

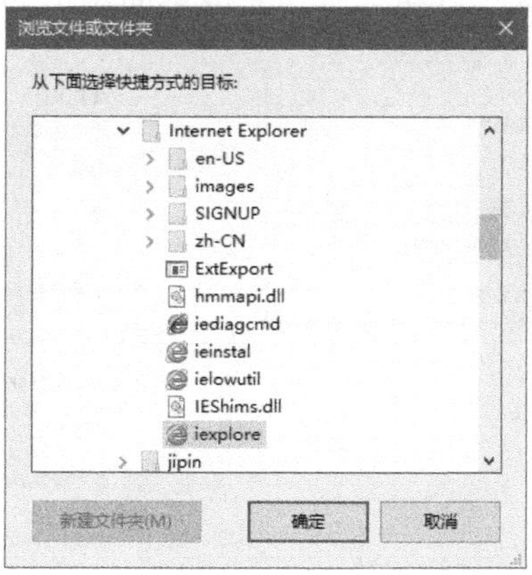

图 1-10 “浏览文件或文件夹”对话框

最后单击“下一步”按钮，按照提示修改快捷方式的名称，单击“完成”按钮结束操作。

5）使用对象所在窗口中的“菜单栏”创建快捷方式。在对象所在的窗口下，单击菜单栏中的“文件”→“新建”→“快捷方式”命令，如图 1-11 所示。后面操作与上述使用快捷菜单中的“新建”命令创建快捷方式完全一致，此处不再重复说明。图标创建在当前文件夹中，如需要可移动到桌面。

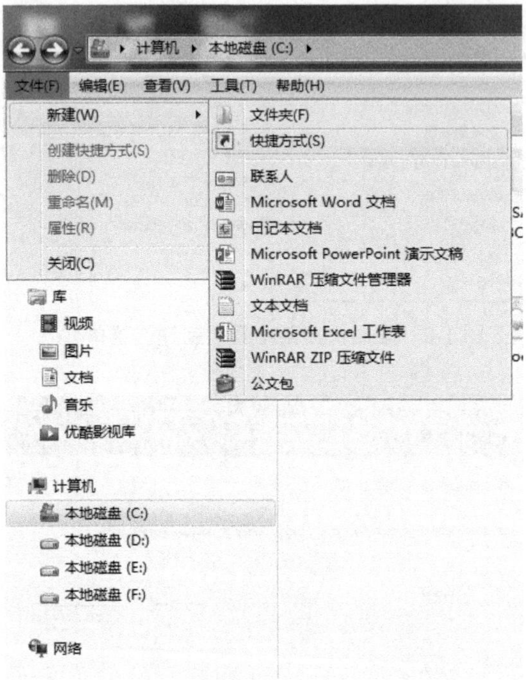

图 1-11　在对象所在窗口创建快捷方式

（2）桌面图标排列。

1）在桌面空白处右击，在弹出的快捷菜单中选择“查看”→“自动排列图标”，如图 1-12 所示，完成桌面图标的自动排列。

2）在桌面空白处右击，在弹出的快捷菜单中选择“排序方式”，如图 1-13 所示。选择“名称”“大小”“项目类型”及“修改日期”命令完成桌面图标的排列。

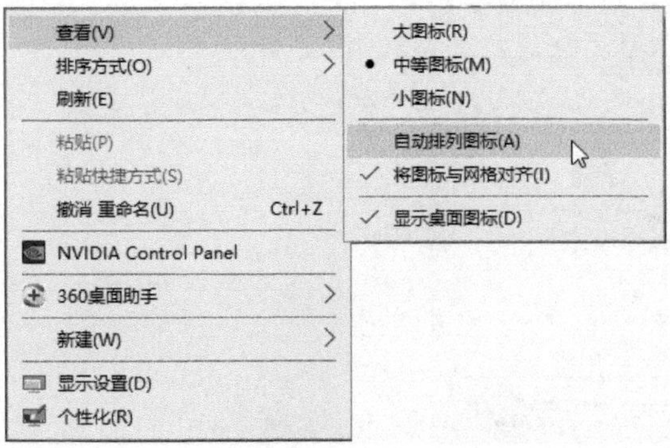

图 1-12　查看

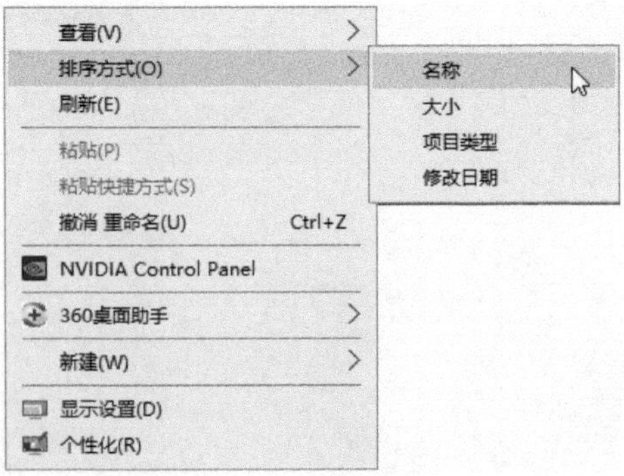

图 1-13　排序方式

三、项目练习

（1）在桌面上为“画图”应用程序创建快捷方式，查看桌面图标，改变图标排列方式。

（2）用不同方法依次打开“写字板”“画图”“计算机”应用程序窗口，进行应用程序之间的切换，改变多个窗口的显示方式。

（3）将上述打开窗口分别最大化、最小化、还原，改变窗口大小，移动窗口，并用不同方法关闭窗口。

项目 2　Windows 7 的文件及文件夹管理

一、学习目标

（1）掌握 Windows 7 的计算机及资源管理器的使用。

（2）掌握 Windows 7 中文件和文件夹的基本操作。

二、项目内容及步骤

Windows 7 中文件及文件夹操作是本章的重点内容，其中包括文件与文件夹的选定、创建、重命名、复制、移动、删除、属性设置及搜索等。

对文件与文件夹的操作，常用的方法有如下几类。

（1）右击选中对象，在弹出的快捷菜单中选择相应的命令进行操作。

（2）使用 Ctrl、Shift 键配合鼠标进行操作。

（3）使用计算机及资源管理器窗口中选项卡中的相应命令进行操作。

项目 2.1：文件与文件夹的选定

（1）单个文件或文件夹的选定。用鼠标单击文件或文件夹即可选中该对象。

（2）多个相邻文件或文件夹的选定。

1）按下 Shift 键并保持，再单击首尾两个文件或文件夹。

2）单击要选定的第一个对象旁边的空白处，按住左键不放，拖动至最后一个对象。

（3）多个不相邻文件或文件夹的选定。

1）按下 Ctrl 键并保持，再逐个单击各个文件或文件夹。

2）首先设置选择方式，如图 1-14 所示，在“文件夹选项”→“查看”选项卡中勾选“使用复选框以选择项”复选框，然后将光标移动到需要选择的文件上方，如图 1-15 所示，单击文件左上角的复选框就可选中。

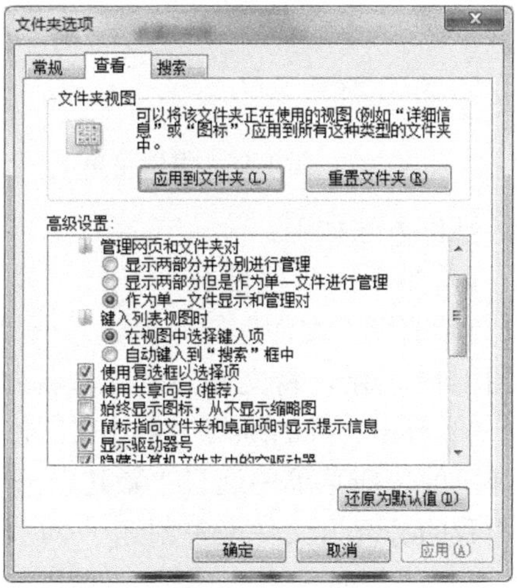

图 1-14　“文件夹选项”对话框

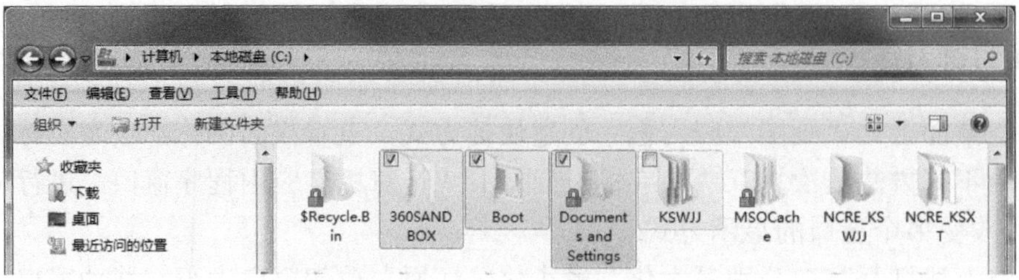

图 1-15 使用“项目复选框”

（4）反向选定。若只有少数文件或文件夹不想选择，可以先选定这几个文件或文件夹，然后单击“编辑”菜单中的“反向选择”命令，如图 1-16 所示，这样可以反转当前选择。

（5）全部选定。单击“编辑”菜单中的“全选”命令或按 Ctrl+A 组合键。

项目 2.2：创建新的文件及文件夹

（1）创建文件夹。

【项目 2.2.1】在 D 盘下新建文件夹结构，如图 1-17 所示。

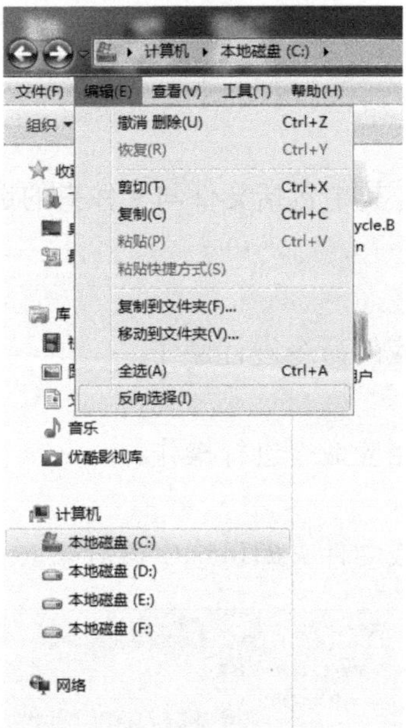

图 1-16 编辑菜单

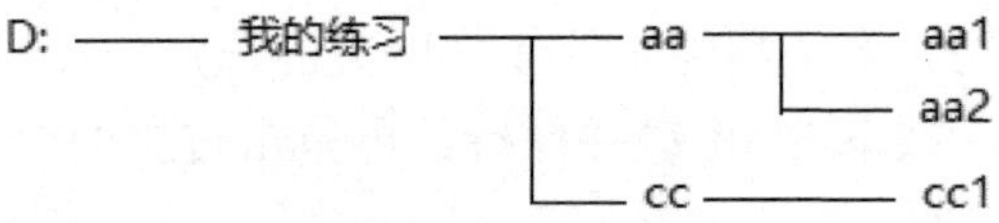

图 1-17 文件夹结构

操作方法如下：

1）打开 D 盘根目录

2）选择“文件”→“新建”→“文件夹”命令，在列表窗格中出现新建的文件夹图标，如图 1-18 所示。将文件夹名称命名为“我的练习”，则在 D 盘上创建了“我的练习”文件夹。

3）双击“我的练习”文件夹图标，打开“我的练习”文件夹。右击文件列表栏的空白处，在弹出的快捷菜单中选择“新建”→“文件夹”命令，如图 1-19 所示。将文件夹命名为 aa，在“我的练习”文件夹中创建了 aa 文件夹。使用相同的方法创建文件夹 cc。

4）双击 aa 文件夹图标，打开 aa 文件夹，单击菜单栏“新建文件夹”按钮，如图 1-20 所示，创建 aa1、aa2 文件夹。

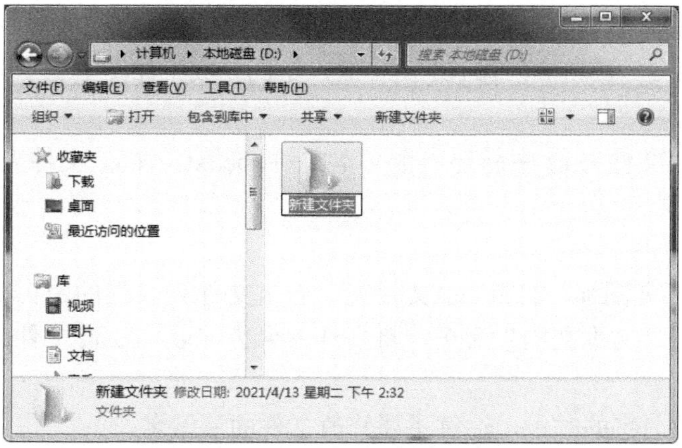

图 1-18　使用“文件”菜单新建文件夹

图 1-19　使用快捷菜单创建文件夹

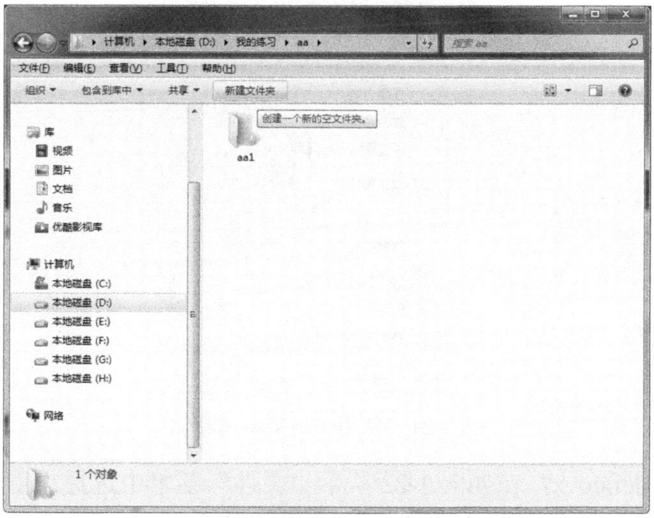

图 1-20　使用“新建文件夹”按钮

5）单击返回箭头← 按钮，返回“我的练习”文件夹。双击 cc 文件夹图标，打开 cc 文件夹，再次单击“新建文件夹”按钮，创建 cc1 文件夹。至此完成了如图 1-17 所示的文件夹结构。

（2）创建文件。

【项目 2.2.2】在文件夹 aa 中新建一个文本文件 abc.txt，在 cc 文件夹中新建一个 Word 文档 def.docx。

操作方法如下：

1）双击 aa 文件夹图标，打开 aa 文件夹，右击文件列表栏的空白处，在弹出的快捷菜单中选择“新建”→“文本文档”命令，将文件命名为 abc，在 aa 文件夹中就创建了文本文件 abc.txt。

操作提示：修改名字的时候，注意不要修改文件的后缀名。

2）双击 cc 文件夹图标，打开 cc 文件夹，右击空白处，在弹出的快捷菜单中选择“新建”→“Microsoft Word 文档”命令，将文件命名为 def，在 cc 文件夹中就创建了 Word 文档 def.docx。

项目 2.3：文件与文件夹的重命名

将文件夹 aa 改名为“练习 1”，cc 文件夹中的 Word 文档 def.docx 改名为“Word 练习”，操作方法如下：

（1）右击文件夹 aa，在弹出的快捷菜单中选择“重命名”命令，如图 1-21 所示。输入新的文件夹名“练习 1”，完成对文件夹 aa 的重命名。

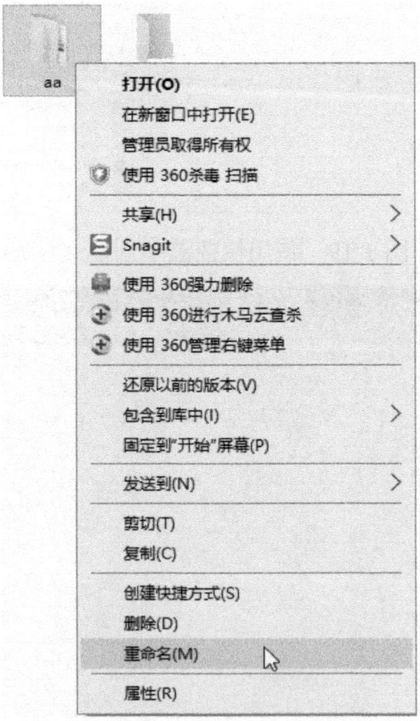

图 1-21 使用快捷菜单重命名

（2）选中文件 def.docx，在如图 1-22 所示“文件”菜单中选择“重命名”命令，输入新的文件名“Word 练习”，完成对文件 def.docx 的重命名。

文件与文件夹重命名方法完全相同，可以自行选择。

图 1-22　使用“文件”菜单重命名

注意：文件的扩展名代表文件类型，所以重命名文件时，不要修改和删除文件的扩展名！

项目 2.4：文件与文件夹的复制

将文件 abc.txt 复制到“我的练习”文件夹中，将 cc 文件夹复制到 D 盘，操作方法如下：

（1）右击要复制的文件 abc.txt，在弹出的快捷菜单中选择“复制”命令。

（2）选择目标文件夹“我的练习”，在文件列表区空白处右击，在弹出的快捷菜单中选择“粘贴”命令，完成复制操作。

（3）选定要复制的文件夹 cc，单击“编辑”菜单中的“复制”命令。

（4）选择目标位置 D 盘，单击“编辑”菜单中的“粘贴”命令，完成复制操作。

操作提示：使用“编辑”菜单中的“复制到文件夹”命令也可以实现复制，还可使用鼠标方法实现文件与文件夹的复制。

项目 2.5：文件和文件夹的移动

将“D:\我的练习\abc.txt”文件移动到“D:\cc”文件夹中，将“D:\我的练习”下的 aa 文件夹移动到 D 盘，操作方法如下：

（1）右击要移动的文件 abc.txt，在弹出的快捷菜单中选择“剪切”命令。

（2）选择目标文件夹 D:\cc，在文件列表区空白处右击，在弹出的快捷菜单中选择“粘贴”命令，完成移动操作。

（3）选定要移动的文件夹 aa，单击“编辑”菜单中的“剪切”命令。

（4）选择目标位置 D 盘，单击“编辑”菜单中的“粘贴”命令，完成移动操作。

使用“编辑”菜单中的“移动到文件夹”命令也可以实现文件和文件夹的移动，还可使用鼠标方法实现文件和文件夹的移动。

注意：使用鼠标拖动复制或移动文件和文件夹时，按下 Shift 键并保持，再用鼠标拖动该对象到目标文件夹，实现移动操作；按下 Ctrl 键并保持，再用鼠标拖动该对象到目标文件夹，实现复制操作。直接用鼠标拖动该对象到目标文件夹，同一磁盘间实现文件和文件夹的移动，不同磁盘间实现文件和文件夹的复制。

项目 2.6：文件和文件夹的删除

将“D:\我的练习\cc”文件夹中的“Word 练习”文件删除，将“D:\aa”文件夹删除，操作方法如下：

（1）右击“Word 练习”文件，在弹出的快捷菜单中选择“删除”命令。

（2）在如图 1-23 所示的“删除文件”对话框中单击“是”按钮，将删除文件放入“回收站”中。

（3）选中“D:\aa”文件夹，使用“文件”菜单中的“删除”命令，将文件夹放入“回收站”中。

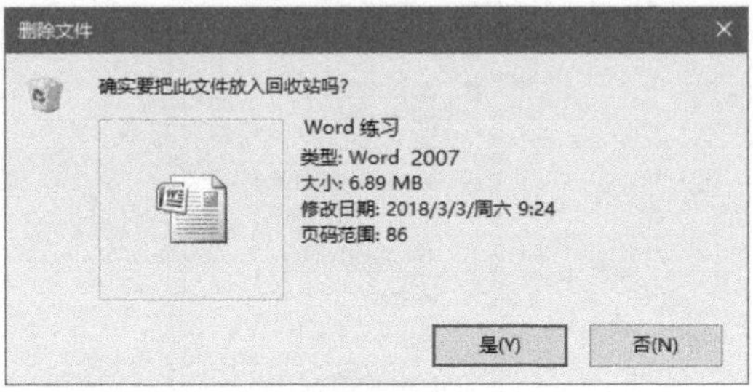

图 1-23　文件或文件夹删除

注意：从网络位置、可移动媒体（U 盘、可移动硬盘等）删除文件和文件夹或者被删除文件和文件夹的大小超过“回收站”空间的大小时，被删除对象将不被放入“回收站”中，而是直接被永久删除，不能还原。

项目 2.7：文件和文件夹的还原，以及回收站的操作

（1）还原被删除的文件和文件夹。

【项目 2.7.1】将回收站中的“Word 练习”文件还原，将 aa 文件夹还原。

操作方法如下：

1）双击桌面“回收站”图标，打开“回收站”窗口，如图 1-24 所示。

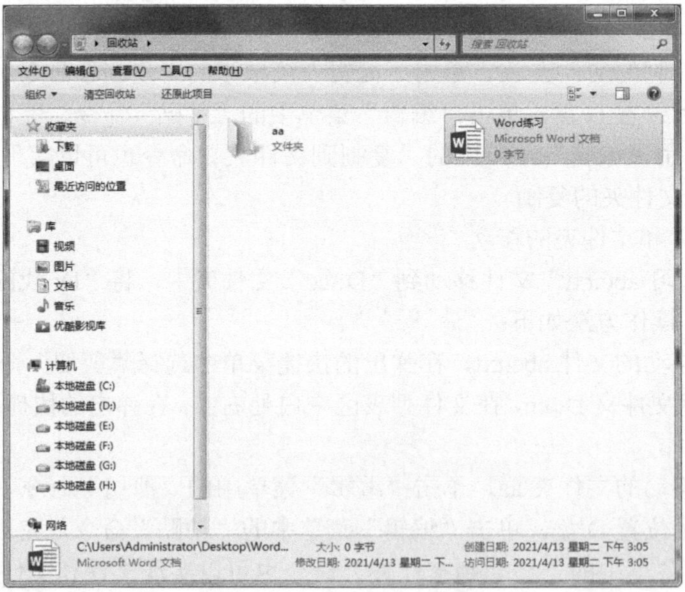

图 1-24　“回收站”窗口

2）选中文件“Word 练习”，单击菜单栏“还原此项目”按钮，则“Word 练习”文件将被还原到计算机中的原始位置。

3）右击 aa 文件夹图标，在弹出的快捷菜单中选择“还原”命令，则 aa 文件夹将被还原到计算机中的原始位置，如图 1-25 所示。

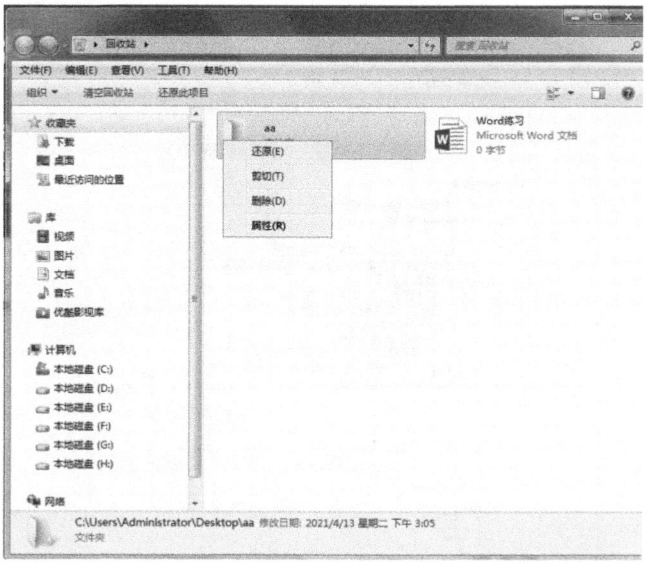

图 1-25　还原

（2）文件和文件夹的彻底删除。

【项目 2.7.2】将“回收站”中的文件夹 aa 彻底删除，将文件“Word 练习”彻底删除。

操作方法如下：

1）双击桌面“回收站”图标，打开“回收站”窗口，如图 1-24 所示。

2）右击 aa 文件夹图标，在弹出的快捷菜单中选择“删除”命令，则 aa 文件夹将被彻底删除，如图 1-25 所示。

3）单击“清空回收站”按钮，则“回收站”中所有文件和文件夹将被彻底删除。

注意：“回收站”中的内容一旦被删除，被删除的对象将不能再恢复。

项目 2.8：文件和文件夹的属性设置

将文件 abc.txt 设置为隐藏属性，将文件夹“我的练习”设置为共享属性，操作方法如下：

（1）用快捷菜单设置文件属性。

1）右击文件 abc.txt，在弹出的快捷菜单中选择“属性”命令，弹出如图 1-26 所示的“abc.txt 属性”对话框。

图 1-26　文件属性

2）在对话框中勾选“隐藏”复选框，单击“确定”按钮，则文件设置为隐藏。

3）如果要显示出隐藏属性的文件，如图 1-27 所示，在“文件夹选项”对话框的“查看”选项卡中选中“显示隐藏的文件、文件夹和驱动器”单选按钮，隐藏状态的文件也将会被显示。

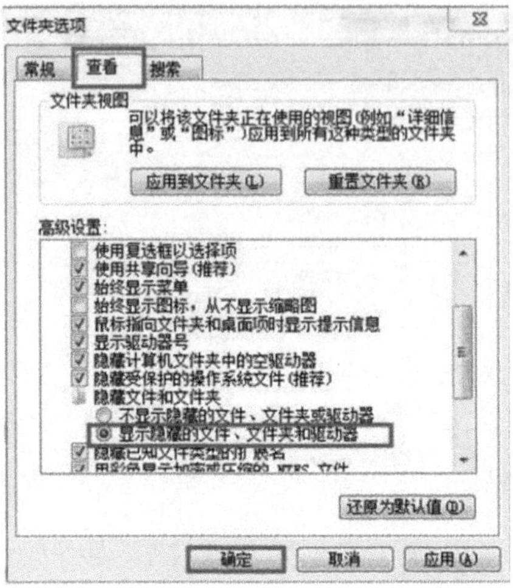

图 1-27 “文件夹选项”对话框

（2）文件夹的共享。

1）右击文件夹“我的练习”，在弹出的快捷菜单中选择“共享”→“特定用户”命令，如图 1-28 所示。

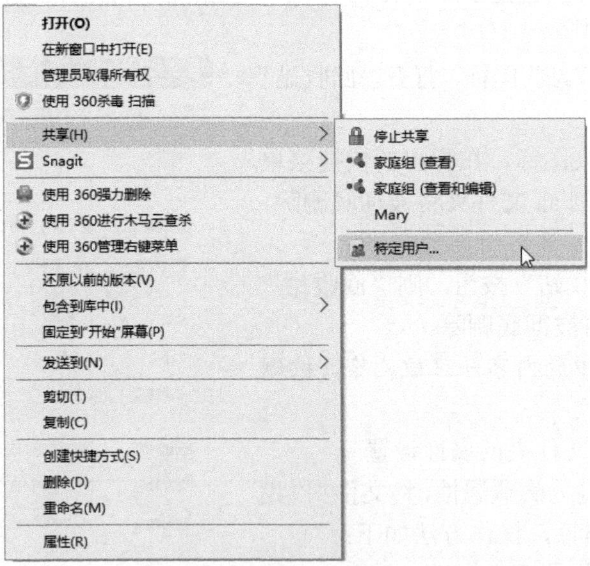

图 1-28 文件夹共享命令

2）在如图 1-29 所示中，选择要与其共享的用户 Mary，单击“添加”按钮，最后单击“共享”按钮，完成文件夹共享属性的设置。

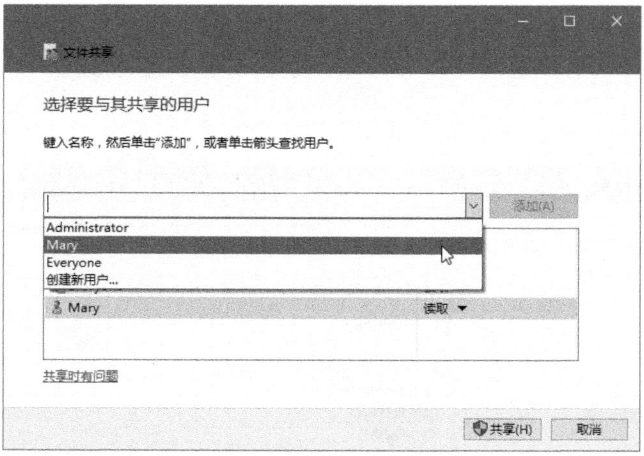

图 1-29　文件夹共享

注意：文件夹与磁盘均可设置共享属性，文件只需放在共享文件夹或磁盘中即可供用户查看。

项目 2.9：文件及文件夹搜索

在 D 盘中搜索名称中包含 win 的文件或文件夹，操作方法如下：

（1）即时搜索。打开 D 盘，在右上角的搜索框中输入“win”，立即在 D 盘开始搜索名称含有 win 的文件及文件夹，如图 1-30 所示。

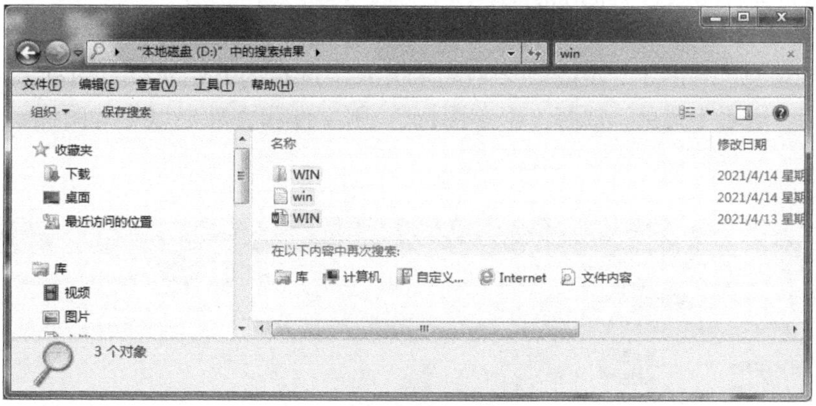

图 1-30　即时搜索

搜索时如果不知道准确文件名，可以使用通配符。通配符包括星号“*”和问号“？”两种。可以使用问号“？”代替一个字符，星号“*”代替任意个字符。

（2）更改搜索位置。在默认情况下，搜索位置是当前文件夹及子文件夹。如果需要修改，可以在如图 1-30 所示的左侧边栏里打开需要搜索的位置进行搜索。

（3）设置搜索类型。如果想要加快搜索速度，可以在图 1-30 的搜索框的下拉列表中选择“添加搜索筛选器”，以设置更具体的搜索信息，如修改时间、类型、大小、其他属性等。

（4）设置索引选项。Windows 7 中，使用“索引”可以快速找到特定的文件及文件夹。在默认情况下，大多数常见类型都会被索引，索引位置包括库中的所有文件夹、电子邮件和脱机文件。

右击如图 1-31 中的“搜索可能较慢，因为索引未运行。请单击打开索引…”提示，选择“启用索引”命令，对索引位置进行添加修改。添加索引位置完成后，计算机会自动为新添加索引位置编制索引。

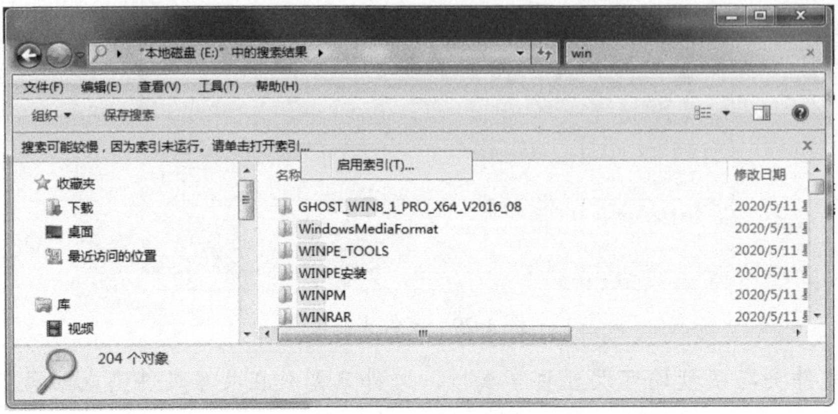

图 1-31　启用索引

（5）保存搜索结果。可以将搜索结果保存，以方便日后快速查找。单击如图 1-30 中的“保存搜索”，选择保存位置，输入保存的文件名，即可对搜索结果进行保存。日后使用时不需要再进行搜索，只需要打开保存的搜索即可。

项目 2.10：文件与文件夹的显示方式

Windows 7 资源管理器窗口中的文件列表有“超大图标”“大图标”“中等图标”“小图标”“列表”“详细信息”“平铺”“内容” 8 种显示方式。选择的方法有以下两种。

（1）使用“查看”菜单，选择“中等图标”，则文件和文件夹以中等图标显示，如图 1-32 所示。

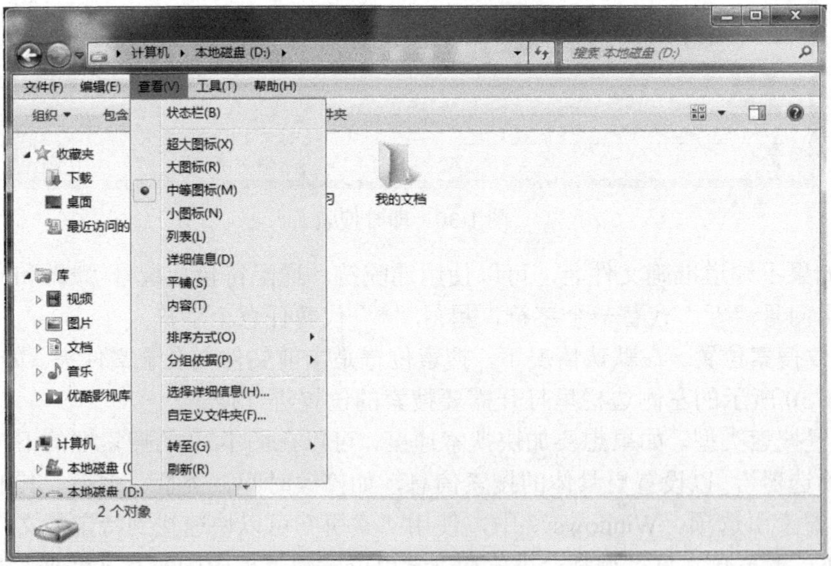

图 1-32　“查看”菜单

（2）右击窗口空白处，在弹出的快捷菜单中选择“查看”→“中等图标”命令，如图 1-33 所示。

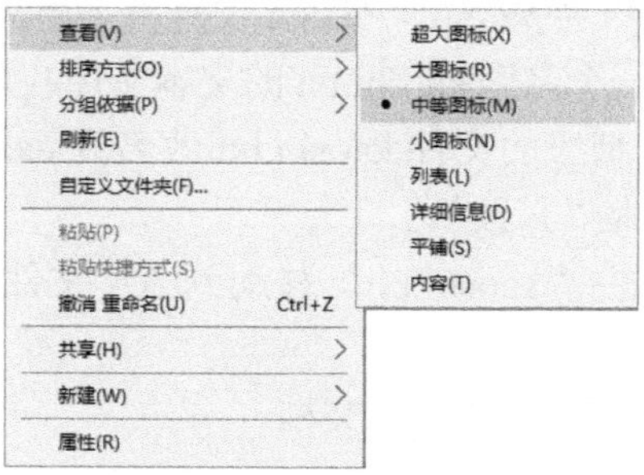

图 1-33　快捷菜单查看命令

项目 2.11：文件与文件夹的排序方式

浏览文件和文件夹时，文件和文件夹可以按名称、修改日期、类型或大小来调整文件列表的排列顺序，还可以选择递增、递减或更多的方式进行排序。排序方法如下：

（1）选择文件列表的排序方式可以使用菜单，在图 1-34 中单击“查看”菜单的“排列方式”选项，分别选择“名称”和“递增”，则文件和文件夹按照名称升序排列。

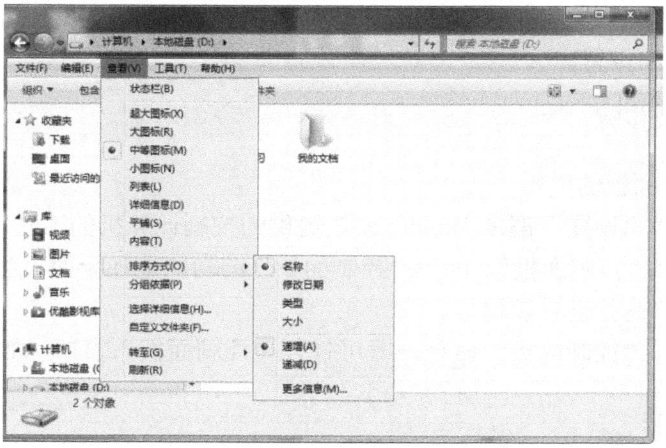

图 1-34　“查看”菜单排序

（2）右击“计算机”窗口空白处，在弹出的快捷菜单中选择“排序方式”→“类型”命令，如图 1-35 所示。此时文件和文件夹按照类型排列。

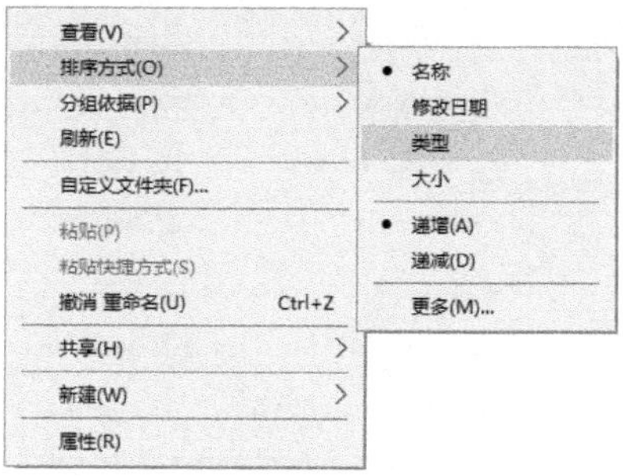

图 1-35　快捷菜单排序

三、项目练习

（1）在D盘根目录下建立文件夹AA，在AA文件夹下建立子文件夹BB和子文件夹CC。

（2）在BB文件夹下建立一个名为kaoshi.txt的文本文件，并将该文件复制到CC文件夹中。

（3）将从CC文件夹中复制来的文件kaoshi.txt改名为exam.txt，并在桌面上为其创建快捷方式，再将文件的属性设置为“只读”。

（4）将BB文件夹中的文件“kaoshi.txt”移动到AA文件夹中。

（5）将文件夹BB删除。

（6）在“计算机”中搜索所有的Word文档。

项目3　Windows 7的设置

一、学习目标

（1）掌握“控制面板”的功能及使用方法。

（2）熟练掌握个性化及主题设置。

（3）掌握鼠标、日期和时间设置。

（4）了解账户的设置。

二、项目内容及步骤

项目3.1：控制面板的使用

“控制面板”和“设置”都是Windows 7提供的控制计算机的工具，但“设置”在功能方面还不能完全取代“控制面板”，因为“控制面板”的功能更加全面。通过“控制面板”，用户可以对系统的设置进行查看和调整。

选择“开始”→“控制面板”命令，即可打开“控制面板”窗口，如图1-36所示。

图1-36　控制面板

项目 3.2：个性化设置

右击桌面空白处，在弹出的快捷菜单中选择“个性化”命令，打开“个性化”窗口，如图 1-38 所示。“个性化”窗口有个性化设置的几个主要功能标签，可以分别对“桌面背景”“窗口颜色”“屏幕保护程序”等进行设置。

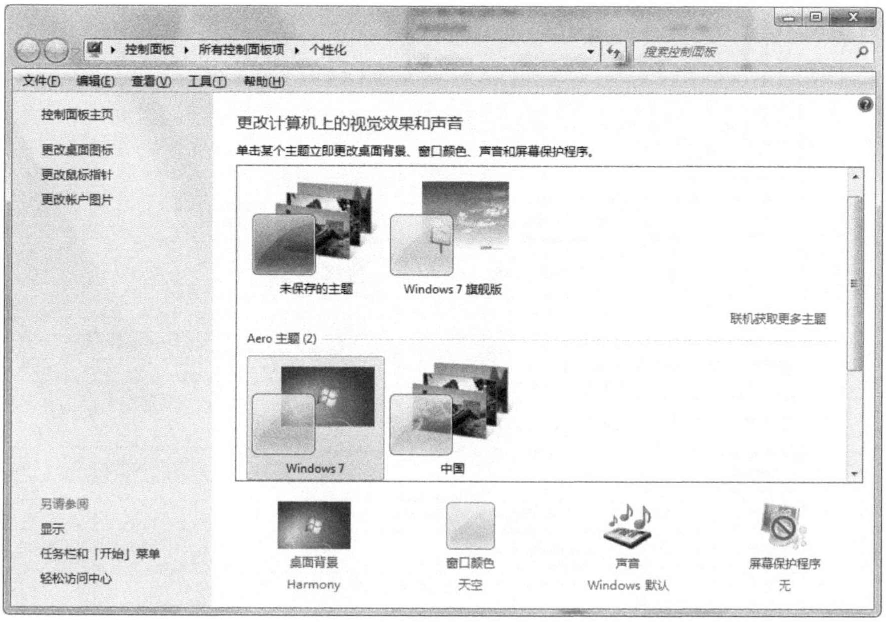

图 1-37 “个性化”窗口

（1）设置桌面背景。

1）在下侧导航窗格中单击“桌面背景”。

2）在窗口上方单击“图片位置”右侧的下拉按钮，展开其下拉列表，选择桌面背景的样式和位置，在“Windows 桌面背景”“图片库”“顶级照片”“纯色”选项中选择“Windows 桌面背景”。

3）单击预览框中列出的某张图片，就可以将该图片设置为桌面背景；或者单击“浏览”按钮，在弹出的“浏览文件夹”对话框中选择某图片设置为桌面背景。

4）单击“图片位置”下方的下拉按钮，确定图片在桌面上的显示方式。

（2）设置窗口颜色。

1）如图 1-37 所示，在下侧导航窗格中选择“窗口颜色”，打开“窗口颜色和外观”窗口，如图 1-38 所示。

2）选择一种颜色，立即可以看到 Windows 中的主色调改变为该颜色。

3）勾选“启用透明效果”复选框，可以看到“开始”菜单、任务栏、操作中心和标题栏会出现透明的效果，如图 1-38 所示。

（3）设置主题。主题是指搭配完整的系统外观和系统声音的一套方案，包括桌面背景、屏幕保护程序、声音、窗口颜色等。单击“Windows 7 旗舰版”，主题即设置完毕，如图 1-39 所示。

图 1-38 “颜色”窗格

图 1-39 “主题”窗格

（4）设置屏幕保护程序。屏幕保护程序是用于保护计算机屏幕的程序，当用户暂停计算机的使用时，它能使显示器处于节能状态，并保障系统安全。

1）在图 1-39 中的下侧导航窗格中选择“屏幕保护程序”，弹出“屏幕保护程序设置”对话框，如图 1-40 所示。

2）在“屏幕保护程序”下拉列表中，选择一种自己喜欢的屏幕保护程序，如“肥皂泡泡”，在“等待”微调框内设置等待时间，如“3 分钟”，单击“确定”按钮，完成设置。

3）在用户未操作计算机的 3 分钟之后，屏幕保护程序自动启动。若要重新操作计算机，只需移动一下鼠标或者按键盘上任意键，即可退出屏保。

（5）“开始”菜单设置。可以按照个人的使用习惯，对“开始”菜单进行个性化的设置，如是否在“开始”菜单中显示应用列表、最常用的应用等。

1）如图 1-37 所示，在左侧导航窗格中选择“任务栏和「开始」菜单”，打开如图 1-41 所示的“任务栏和「开始」菜单属性”对话框。

图 1-40 “屏幕保护程序设置”对话框

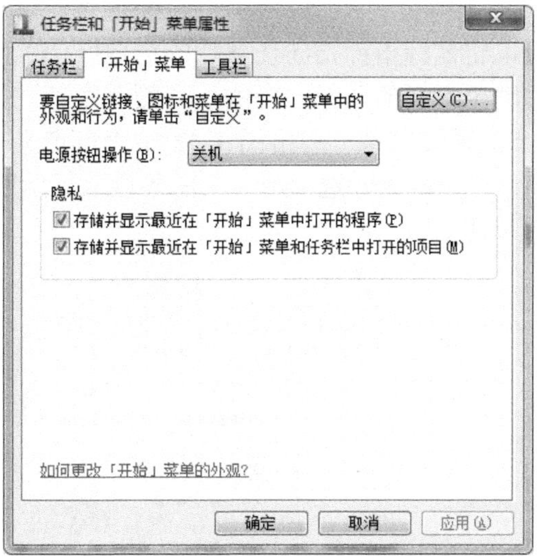

图 1-41 「开始」菜单

2）选择“「开始」菜单”标签，勾选“存储并显示最近在「开始」菜单中打开的程序”复选项，在“开始”菜单中显示最近使用过的程序图标。

3）勾选“存储并显示最近在「开始」菜单和任务栏中打开的项目”复选框，在“开始”菜单中显示打开过的项目图标。

（6）任务栏设置。在系统默认状态下，任务栏位于桌面的底部，并处于锁定状态。在图 1-41 中选择“任务栏”标签，打开如图 1-42 所示的“任务栏”选项卡。

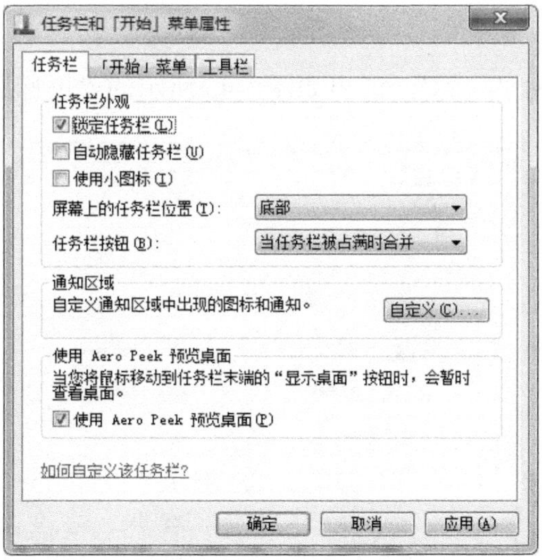

图 1-42 “任务栏”选项卡

1）锁定任务栏。锁定之后不可对任务栏的位置和大小进行调整。

2）自动隐藏任务栏。将“在桌面模式下自动隐藏任务栏”设置为“开”，任务栏随即隐藏起来。鼠标移到任务栏区域，任务栏显示。

3）使用小图标。在任务栏使用小图标显示当前打开的程序和任务。

4）屏幕上的任务栏位置。任务栏解除锁定后，用该选项来设置任务栏在桌面上的位置，也可以将鼠标指针指向任务栏的空白区，然后拖动至桌面周边的合适位置后释放，即可将任务栏移动至桌面的顶部、左侧、右侧或底部。

5）通知区域。单击图 1-42 中“自定义”按钮，打开如图 1-43 所示的“通知区域图标”窗口。首先取消勾选“始终在任务栏上显示所有图标和通知”复选框，然后选择显示或者隐藏图标和通知。

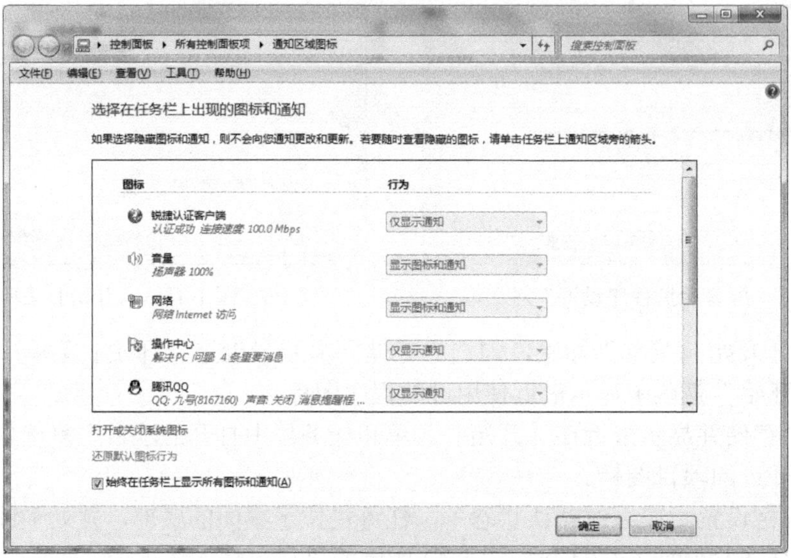

图 1-43 “通知区域图标”窗口

项目 3.3：鼠标的设置

（1）单击图 1-44 中的“鼠标”，弹出如图 1-45 所示的“鼠标属性”对话框。

图 1-44 控制面板“鼠标”选项

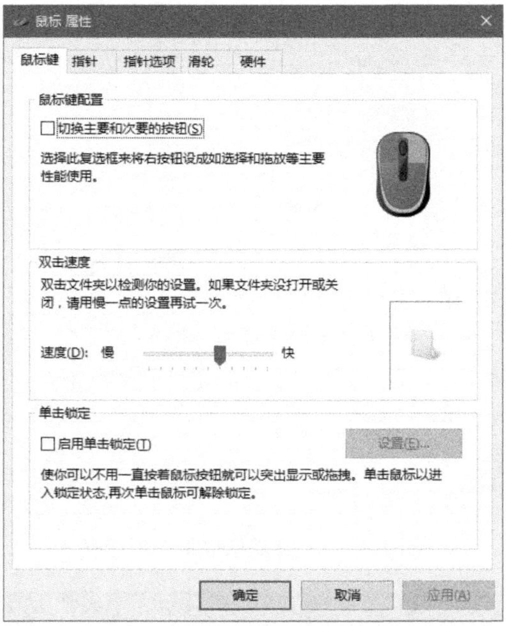

图 1-45 “鼠标属性”对话框

（2）勾选“切换主要和次要的按钮”复选框，将鼠标左右键互换，即将鼠标设置为左手鼠标。

（3）移动滑标设置双击速度，并进行测试。

项目 3.4：日期和时间设置

（1）打开控制面板，找到如图 1-46 所示“日期和时间”选项。

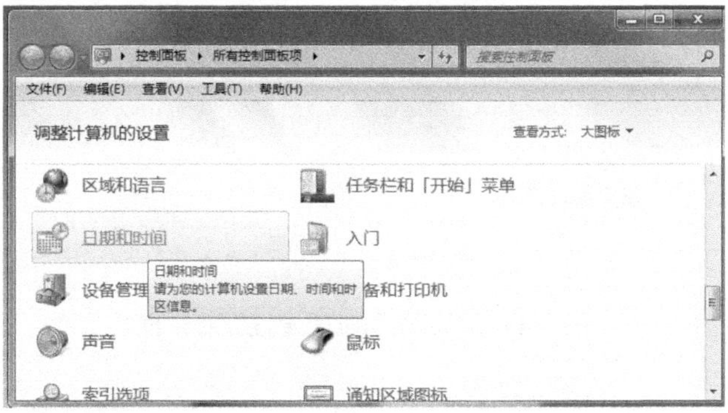

图 1-46 控制面板“日期和时间”选项

（2）单击“日期和时间”，弹出“日期和时间”对话框，如图 1-47 所示。

（3）单击“更改日期和时间”按钮，弹出如图 1-48 所示的“日期和时间设置”对话框。

（4）单击时、分、秒区域修改时间，在“日期”列表框设置日期，单击“确定”按钮，完成日期和时间修改。

（5）修改日期时，单击 2018年6月 ，日期区域显示 12 个月；单击 2018 ，显示 2010-2020 年；单击 2010-2019 ，显示 2000-2099 年，这样方便修改跨度较大的年份，如图 1-49 所示。

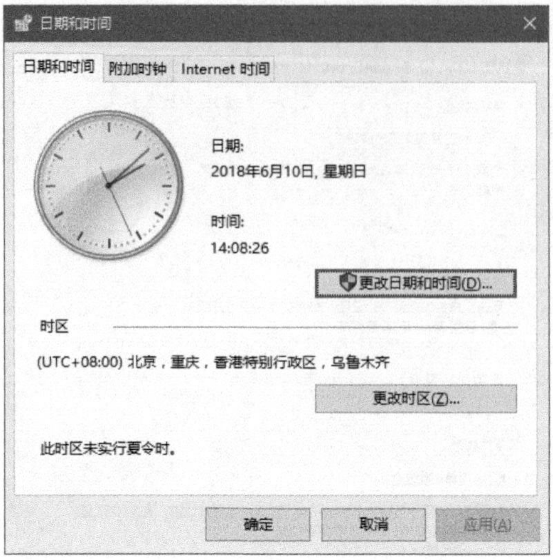

图 1-47　“日期和时间”对话框

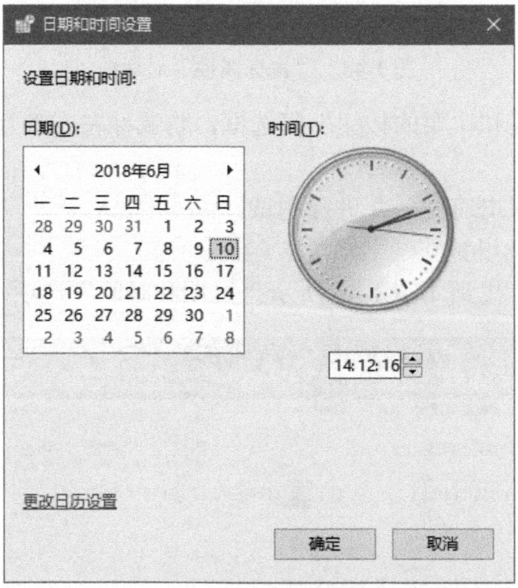

图 1-48　“日期和时间设置”对话框

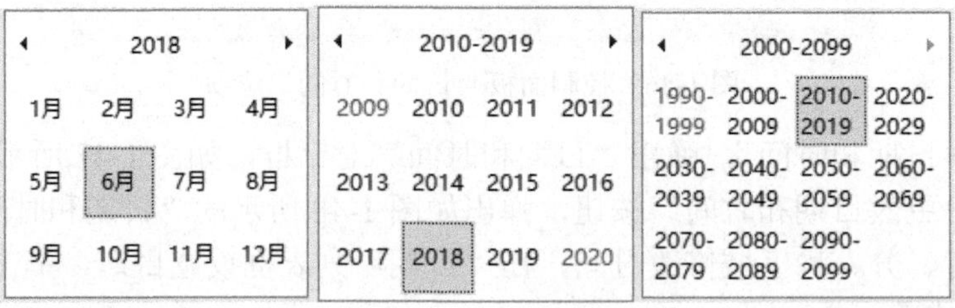

图 1-49　日期修改

项目 3.5：账户的设置

（1）创建新用户账户。只有管理员账户才有创建新用户账户的权限，因此创建新的用户账户时必须以管理员账户登录。下面以创建一个名称为 Mary 的新账户为例说明创建过程，具体操作步骤如下：

1）在桌面上右击“计算机”图标，在弹出的快捷菜单中选择“管理”命令，如图 1-50 所示。

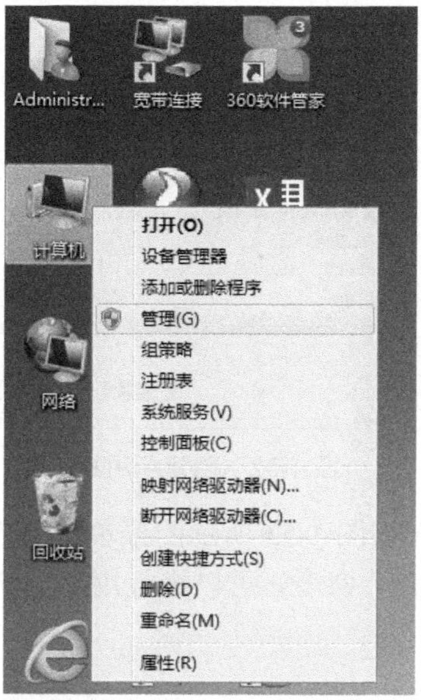

图 1-50　“计算机”快捷菜单

2）在如图 1-51 所示的“计算机管理”窗口左侧导航窗格中，选择“本地用户和组”中的“用户”，这时显示二类用户。选择“Administrator”，单击右侧窗格中“用户”选项下方的“更多操作”，在弹出的菜单中选择“新用户”命令，创建新用户。

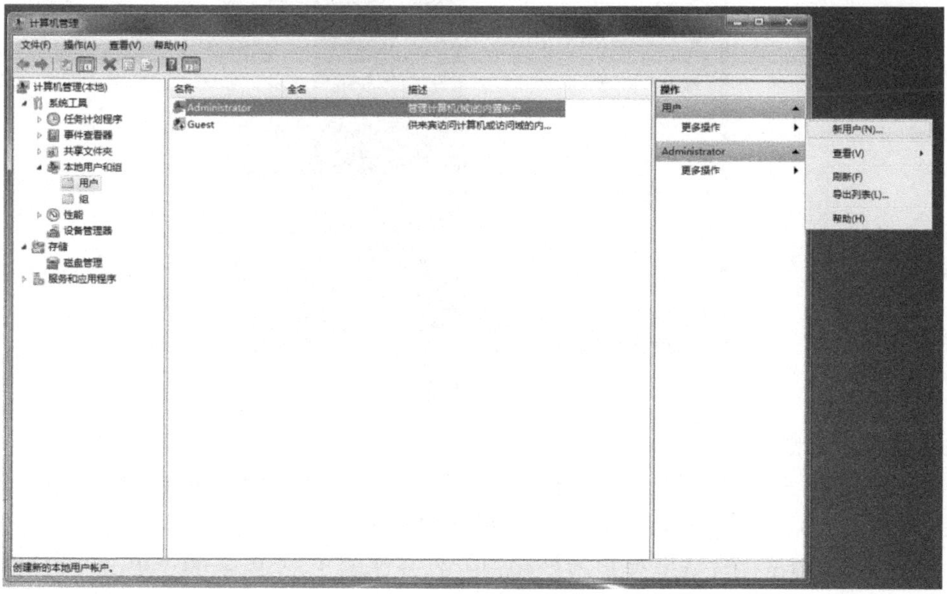

图 1-51　“计算机管理”窗口

3）在如图 1-52 所示的“新用户”对话框中输入用户的各项信息和密码，单击“创建”按钮，完成新用户创建，在“计算机管理”窗口中可以看到新用户。

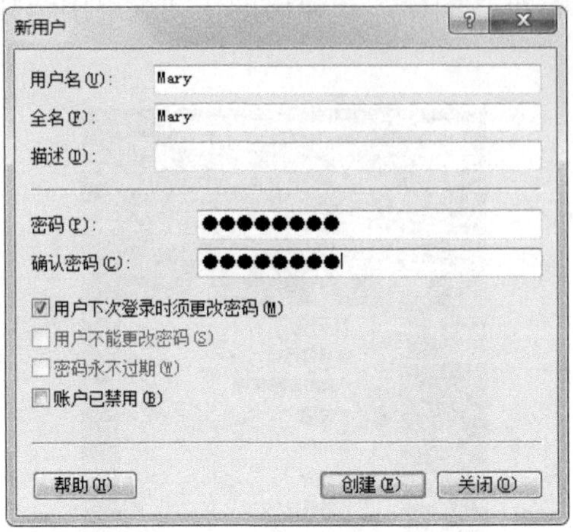

图 1-52　创建新用户

4）打开“开始”菜单，弹出如图 1-53 所示的菜单，单击“关机”按钮右侧的▶按钮，在弹出的快捷菜单中选择“切换用户”命令，可以进行用户的切换，这时输入密码进行登录，新用户可以使用计算机。

图 1-53　切换用户

（2）更改用户账户。

1）以管理员账户登录系统，在控制面板中单击“用户账户”，在弹出的“用户账户”窗口中选择管理其他账户，进入如图 1-54 所示的“管理账户”窗口。

2）在图 1-54 中单击选择需要更改的账户，打开如图 1-55 所示的“更改账户”窗口。此处可以更改账户名称、账户类型、密码，删除账户、删除密码等，还可以选择管理其他账户。

图 1-54　管理账户

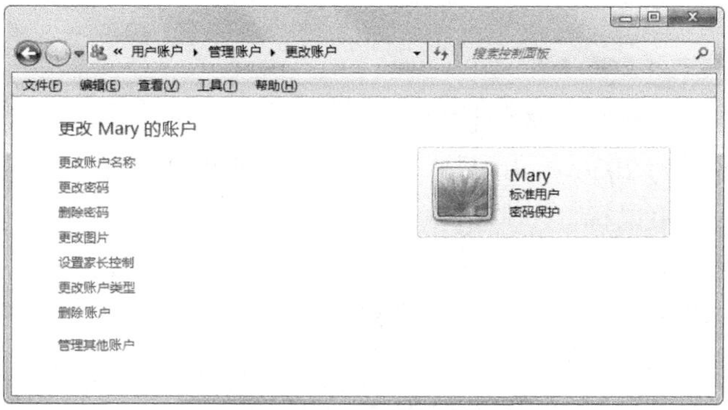

图 1-55　更改账户

（3）删除用户账户。删除用户账户也是只有管理员用户才可以进行的操作，在如图 1-56 所示的“计算机管理”窗口中右击 Mary 账户，在快捷菜单中选择“删除”命令，弹出如图 1-57 所示的“本地用户和组”对话框，单击“是”按钮，完成删除操作。

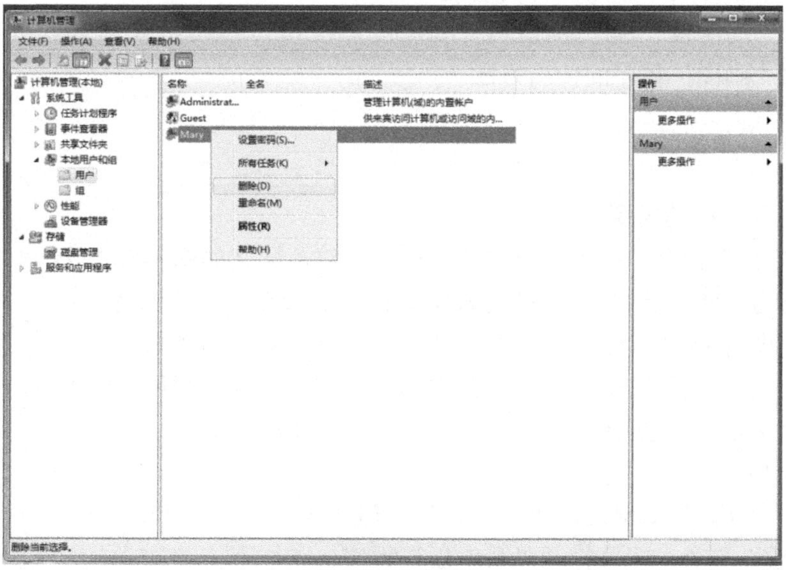

图 1-56　删除账户

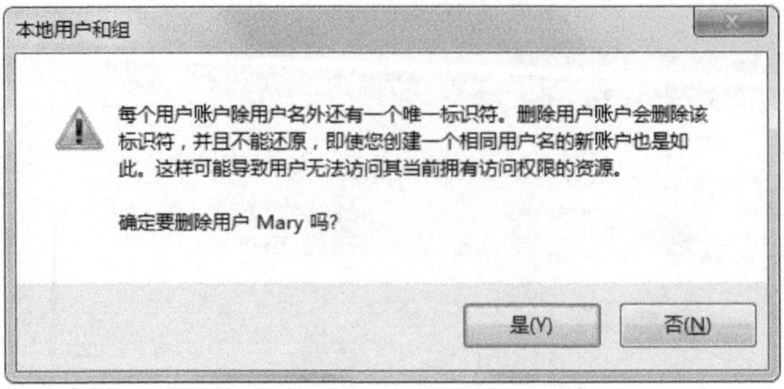

图 1-57 “本地用户和组”对话框

三、项目练习

（1）启动控制面板。
（2）更改桌面背景，设置屏幕保护程序。
（3）设置系统日期为 2020 年 10 月 1 日，时间为 8 点 9 分 10 秒。
（4）设置鼠标为左手鼠标。
（5）设置任务栏自动隐藏。
（6）创建一个标准账户，并以此账户登录。

项目 4 附件

一、学习目标

（1）熟悉 Windows 7 常用附件的功能。
（2）掌握“写字板”程序的使用方法。
（3）掌握“画图”程序的使用方法。

二、项目内容及步骤

项目 4.1：写字板的应用

利用“写字板”程序，按下列要求建立一个文档，样文如图 1-58 所示。

（1）标题为“庐山瀑布”，并设为宋体、20 号、加粗，居中对齐。
（2）正文设为 14 号、宋体、向左对齐文本、首行缩进 1 厘米。
（3）插入图片，图片在桌面上，文件名为“瀑布”，设置图片居中对齐。
（4）保存文档到 D 盘根目录下，文件名为“庐山瀑布.rtf”。

操作方法如下：

（1）使用“开始”菜单启动“写字板”应用程序。选择“开始”→“所有程序”→“附件”→“写字板”命令，即可打开“写字板”程序。

（2）输入文本。在文档编辑区输入文档的标题，按 Enter 键，在下一行输入文档的正文。

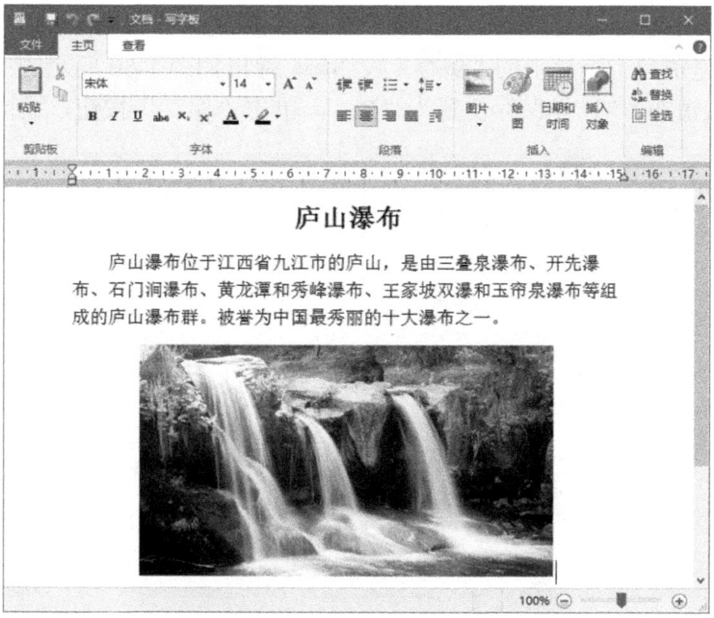

图 1-58　“写字板”程序应用示例

（3）插入图片。单击图 1-58 中功能区的“图片”，弹出如图 1-59 所示的“选择图片”对话框，选中图片，单击“打开”按钮，将图片插入文档。

图 1-59　“选择图片”对话框

（4）在功能区的“主页”选项卡下对文档进行排版。

1）选定标题文字，在“字体”组中，选择“字体系列”下拉列表中的“宋体”，选择“字体大小”下拉列表中的 20，单击“加粗”按钮 B；单击“段落”组中的“居中”按钮。

2）选定正文文字，在“字体”组中，选择“字体大小”下拉列表中的 14，选择“字体系列”下拉列表中的“宋体”。

3）单击“段落”组中的“左对齐”按钮，单击“段落”按钮，弹出“段落”对话框，在“首行”文本框中输入“1 厘米”，然后单击“确定”按钮，关闭“段落”对话框。

4）单击选中图片，单击“段落”组中的“居中”按钮≡。

（5）单击快速访问工具栏中的“保存”按钮，弹出如图 1-60 所示的“保存为”对话框，输入文件名“庐山瀑布”，选择保存位置为“D:”，单击“保存”按钮，关闭对话框。

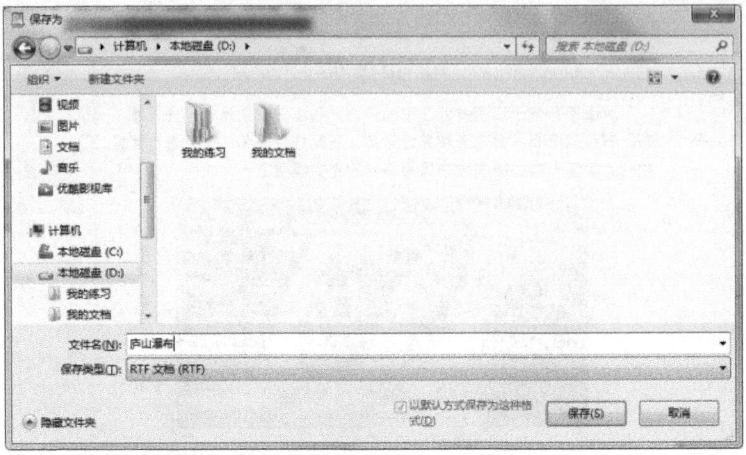

图 1-60　“保存为”对话框

（6）单击“写字板”窗口的“关闭”按钮，关闭“写字板”程序。

项目 4.2：画图的应用

利用“画图”程序绘制一幅几何图画，如图 1-61 所示。要求如下：

（1）输入文本“画图练习”，字体为微软雅黑，字号为 20。

（2）小鸭身为黄色，鸭头为灰色，小鸭眼睛和腿为黑色。

（3）树身为绿色，太阳为红色，太阳的光辉为黄色。

（4）保存文档到 D 盘根目录下，文件名为 picture.png。

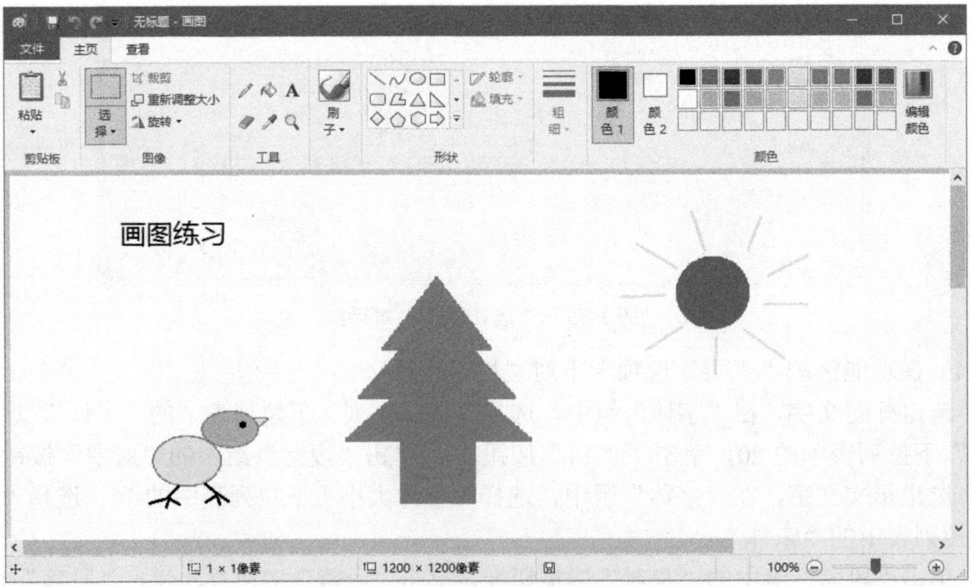

图 1-61　“画图”程序应用示例

操作方法如下：

（1）使用“开始”菜单启动“画图”应用程序。选择“开始”→“所有程序”→“附件”→“画图”命令，即可打开“画图”程序。

（2）在绘图区，利用功能区的“主页”选项卡下的绘图工具，绘制几何图形。

1）绘制小鸭。选中“颜色”组中的“颜色 1”，单击颜料盒中的黑色，从而将“颜色 1”设为黑色，选择“形状”组中的“椭圆形”，在绘图区按住鼠标左键拖动，绘制出一个黑色的椭圆（成为鸭身），如此方法绘制出鸭头、鸭眼；选择“形状”组中的“直线”，在绘图区按住鼠标左键拖动，分别绘制出黑色的鸭腿、鸭嘴。

2）为小鸭涂色。将“颜色 2”设为黄色，选择“工具”组中的“填充”，右击鸭身，将鸭身涂为黄色，用此方法将鸭嘴涂为黄色、鸭头涂为灰色、鸭眼涂为黑色。

3）绘制小树。设置“颜色 1”为绿色，选择“形状”组中的“三角形”，在绘图区按住鼠标左键拖动，绘制出 3 个绿色三角形成为树冠，选择“矩形”，按住鼠标左键拖动，在树冠下方绘制出树干。

4）为小树涂色。选择“工具”组中的“填充”，单击树冠和树干，将小树涂为绿色。

5）绘制太阳。设置“颜色 1”为黄色，设置“颜色 2”为红色，选择“形状”组中的“椭圆形”，按住 Shift 键，按住鼠标右键拖动，绘制出一个圆圆的太阳，选择“形状”组中的“直线”，按住鼠标左键拖动，在太阳周边画出几条放射状的黄线（成为太阳光辉）。

6）为太阳涂色。选择“工具”组中的“填充”，右击太阳，将太阳涂为红色。

7）单击工具中的“文本”工具A，然后单击绘图区域中想要输入文字的位置，出现文本编辑框和文本工具栏。在文本编辑框中输入文字“画图练习”，在文本工具栏的“字体”组中选择“字体系列”下拉列表中的“微软雅黑”，选择“字体大小”下拉列表中的 20。

（3）单击快速访问工具栏中的“保存”按钮，弹出“保存为”对话框，输入文件名“picture.png”，选择保存位置“D:”，单击“保存”按钮，关闭对话框。

（4）单击“画图”窗口的“关闭”按钮，关闭“画图”程序。

三、项目练习

（1）利用“写字板”程序，按照如下要求新建一个文档，并将文档保存在 D 盘下，文件名为 tz.rtf。

1）文档内容：通知今天下午四点，在综合楼报告厅召开新生开学典礼，请按时参加。

2）使“通知”成为文章的标题，其余文字为文章的正文。

3）将标题“通知”设置为加粗、黑体、24 号、居中。

4）将正文（“今天……参加”）设置为宋体、20 号、向左对齐文本、首行缩进 1.5 厘米。

5）使用插入区域的“日期和时间”输入日期。

（2）利用“画图”程序完成如图 1-62 所示的图形，并将图片保存在 D 盘下，文件名为 lx.png。要求如下：

1）输入文字“画图练习”，字体设为宋体，字号设为 28，字形设为加粗。

2）分别画出圆、正方形、等边三角形、箭头。

3）分别用红、黄、绿、蓝填充上述图形。

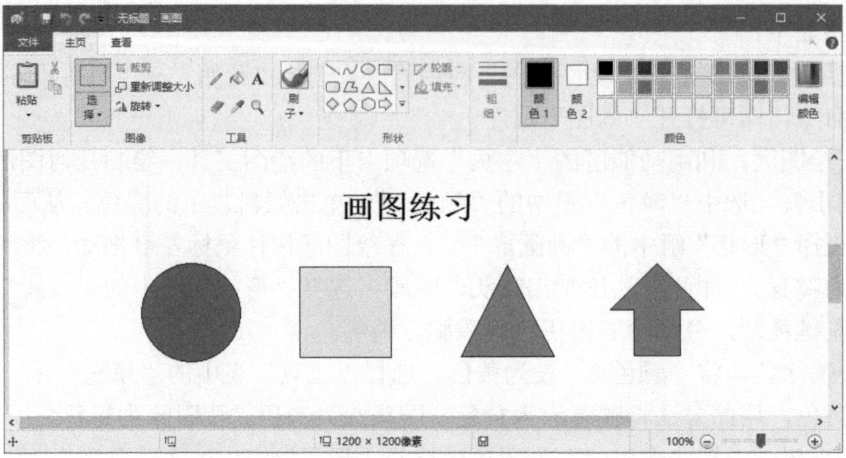

图 1-62　画图练习

（3）利用“画图”程序，创建一幅图画，并将文件保存在 D 盘下，文件名为 ht.png。

1）图片内容任选，要求构图美观大方、文字高雅。

2）将其设置为桌面背景，然后恢复原来的桌面背景。

第 2 章　文字处理软件 Word 2016 的应用

项目 1　Word 文档的建立与编辑

一、学习目标

（1）掌握文件的新建、打开、保存和关闭等操作。
（2）熟练掌握录入文本及文本的选中、移动、复制等操作。
（3）掌握文本的查找与替换。

二、项目内容及步骤

项目 1.1：创建文档并保存

【操作要求】

（1）创建 Word 文档，录入以下文本框中的文字内容（不包括外边框）。

谁也给不了你想要的生活！

（文摘）

“时间不欺人”，这是她教会我的道理！

一个二十几岁的人，你做的选择和接受的生活方式，将会决定你将来成为一个什么样的人！我们总该需要一次奋不顾身的努力，然后去到那个你心里魂牵梦绕的圣地，看看那里的风景，经历一次因为努力而获得圆满的时刻。

这个世界上不确定的因素太多，我们能做的就是独善其身。指天骂地地发泄一通后，还是继续该干嘛干嘛吧！

因为你不努力，谁也给不了，你想要的生活！

（2）以“基本操作练习”为文档名进行保存，保存位置为自己的文件夹。

【操作步骤】

（1）打开 Word 程序，在“开始”界面中单击“空白文档”，系统自动创建一个新的 Word 文档，默认名为“文档 1-Word”。

（2）依次单击“文件”的“另存为”选项，在弹出的“另存为”页面双击“我的电脑”选项或单击“浏览”选项，会打开“另存为”对话框，如图 2-1 所示。

（3）在“保存位置”的下拉列表中找到自己的文件夹，在“文件名”的文本框中输入文档名“基本操作练习”，单击“保存”按钮。

（4）在文本编辑区输入文字内容。

（5）单击工具栏上的“保存”按钮，保存输入的文本内容。

（6）单击窗口的“关闭”按钮，关闭文档。

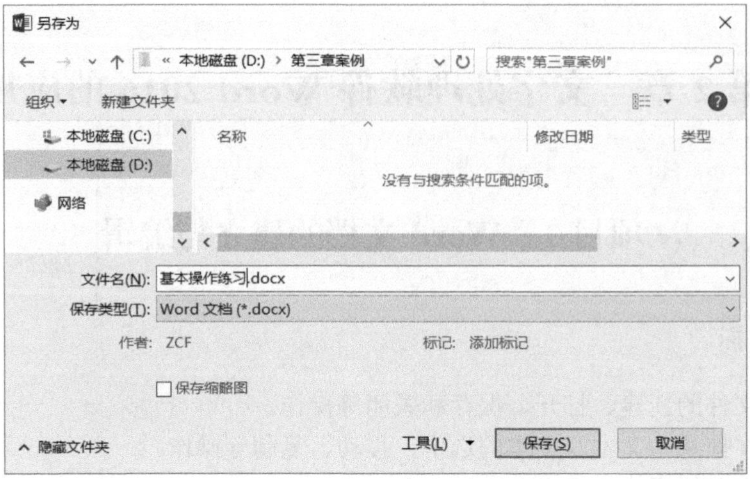

图 2-1 “另存为”对话框

项目 1.2：文本的查找与替换

【操作要求】

（1）在 Word 中输入以下文本框中的内容（不包括外边框），命名为“查找与替换练习”，并保存在自己的文件夹中。

保存文件

“文件”→“保存”：用于无需改变的文件的保存。

“文件”→“另存为”：一般用于改变的文件的保存，包括盘符、目录或文件名的改变。

“文件”→“另存为 Web 页”：存为 HTML 文件，其扩展名为.htm、.html、.htx。

（2）使用“查找与替换”功能，将文中所有“文件”替换为“文档”。

【操作步骤】

（1）新建文档并保存为“查找与替换练习”，输入文本内容。

（2）将功能区切换至“开始”选项卡，在“编辑”组中单击“替换”命令，弹出“查找和替换”对话框。

（3）在“查找内容”文本框内输入要查找的文本“文件”。在“替换为”文本框内输入替换内容“文档”，如图 2-2 所示。

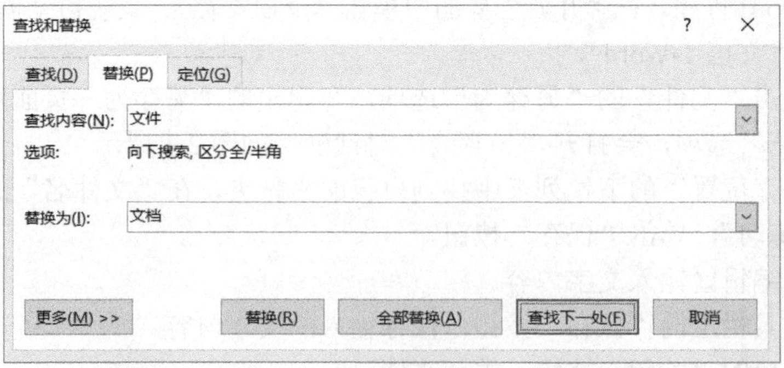

图 2-2 “查找和替换”对话框

（4）单击“替换”按钮，原文字被替换，并自动找到下一处。单击“全部替换”按钮，可以完成所有替换。

（5）单击“关闭”按钮，结束操作。

项目 1.3：在文档中插入符号

【操作要求】

在 Word 中录入以下文本框中的内容（不包括外边框），并命名为“符号练习”，保存位置为自己的文件夹。

> 生活中的理想温度
>
> 人类生活在地球上，每时每刻都离不开温度。一年四季，温度有高有低，经过专家长期的研究和观察对比，认为生活中的理想温度应该是：
>
> 居室温度保持在 20℃~25℃；
>
> 饭菜的温度为 46℃~58℃；
>
> 冷水浴的温度为 19℃~21℃；
>
> 阳光浴的温度为 15℃~30℃。

【操作步骤】

（1）新建文档并保存为“符号练习”，输入文本内容。

（2）插入单位符号——℃。打开“搜狗拼音输入法”，在其状态栏中单击键盘形状的“输入方式”按钮，然后单击“特殊符号”命令，如图 2-3 所示。打开“符号大全”界面（如图 2-4 所示），选择“数学/单位”选项卡，单击“℃”即可。

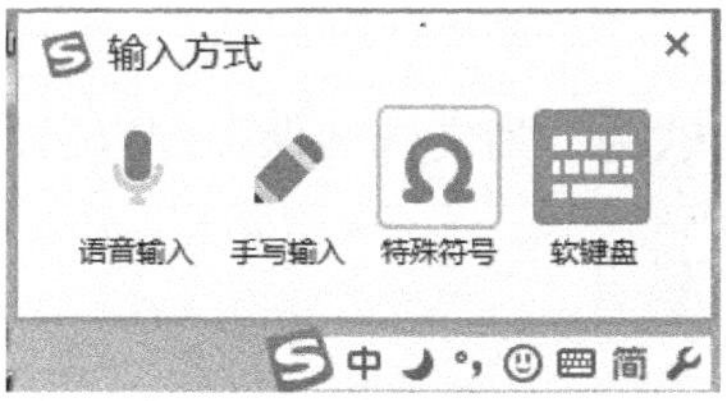

图 2-3　选择“特殊符号”命令

图 2-4　“数学/单位”选项卡

（3）插入、、、符号。功能区切换至“插入”，单击“符号”组的“符号”命令按钮，打开“符号”对话框，在“符号”选项卡的“字体”下拉列表中选择“Webdings”（图 2-5），在字符列表中选择其中一个符号，如，单击“插入”按钮。再依次选择其他几个符号，并完成插入操作，然后关闭“符号”对话框。

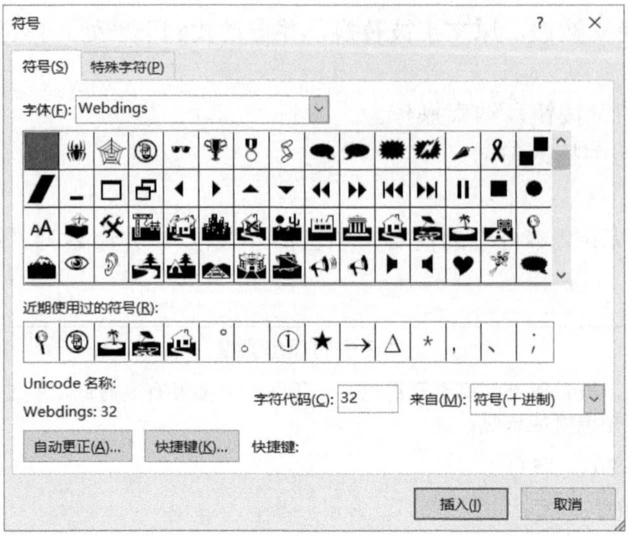

图 2-5 “符号”选项卡的 Webdings 字体符号

（4）单击文档窗口的“关闭”按钮，关闭文档。在出现“是否保存文档”的提示框中选择“保存”按钮，保存并关闭文件。

三、项目练习

（1）打开自己文件夹中的“符号练习”文档，进行如下操作：

1）将文档中所有的“℃”替换为“℉”。

2）在文档中插入以下符号，并输入相应的文本内容。

> 数学符号：≈ ∮ ≧ ∞
>
> 标点符号：《》 【】 ︽︾
>
> 特殊符号：■ ▼ ★ ※ ㊣
>
> 单位符号：mg ℃ ￥ ‰ ℉
>
> 序号：① Ⅳ ㈠ Ⅻ
>
> →↖⇦⟲↳✒☎👍✋☒☑✂🕮✌☺♉☜⏮🕸🏘🔒

2．新建 Word 文档，输入以下文字内容后，以“水调歌头”为文件名保存到自己的文件夹中。

> 水调歌头
>
> 丙辰中秋，欢饮达旦，大醉。作此篇，兼怀子由。
>
> 明月几时有？把酒问青天。不知天上宫阙，今夕是何年。我欲乘风归去，惟恐琼楼玉宇，高处不胜寒，起舞弄清影，何似在人间！
>
> 转朱阁，低绮户，照无眠。不应有恨，何事长向别时圆？人有悲欢离合，月有阴晴圆缺，此事古难全。但愿人长久，千里共婵娟。

项目 2　Word 文档的格式设置

一、学习目标

（1）熟练掌握对文档字符格式和段落格式的设置。
（2）熟练掌握分栏、首字下沉等的格式设置。
（3）熟练掌握表格的基本操作。
（4）掌握设置页眉、页脚和页码的操作方法。
（5）掌握页面设置和打印预览的操作方法。

二、项目内容及步骤

项目 2.1：设置字符格式

【操作要求】

（1）打开“基本操作练习”文档，另存为“字符格式设置”，保存在自己的文件夹中。

（2）将标题“谁也给不了你想要的生活！”设置为黑体、小二号字、红色，加黄色双下划线，其他字体设置为等线、三号。

（3）将第 2 行的“文摘”加双删除线。

（4）对字符“你做的选择和接受的生活方式”设置宽度为 1.5 磅的天蓝色边框，对字符“你将来成为一个什么样的人”加底纹样式“30%”、颜色“蓝色”。

（5）对字符“奋不顾身”设置为鲜绿色突出显示、200%缩放，对字符“指天骂地”设置为黄色突出显示、66%缩放。

（6）对字符“魂牵梦绕”设置为黄色突出显示，字符间距加宽 2 磅。

（7）将最后一行字符设置为红色、加粗、倾斜，加着重号。

【操作步骤】

（1）设置字符的基本格式。选中第一行（标题）的所有字符，单击“开始”功能区的“字体”按钮（“字体”组右下角的图标按钮），在弹出的“字体”对话框中按要求选择字体、字号、字符颜色，设置黄色双下划线。

选择其他文字，在“字体”选项卡的“字体”和“字号”下拉列表中选择“等线”和“三号”。

用如上操作方法，分别选择“文摘”及最后一行文字，打开“字体”对话框，对“文摘”加“双删除线”，将最后一行文字设置为红色、加粗、倾斜，并加着重号。

（2）设置突出显示。按住 Ctrl 键分别选中字符“奋不顾身”和“魂牵梦绕”，单击“字体”选项卡上的“突出显示”的下拉按钮，选择鲜绿色设置字符突出显示效果。

用相同操作设置字符“指天骂地”的突出显示并选择“黄色”。

（3）设置边框和底纹。选中字符“你做的选择和接受的生活方式”，单击“段落”选项卡的“边框和底纹”按钮，在下拉列表中选择“边框和底纹”命令，弹出“边框和底纹”对话框，选择“方框”“天蓝色”“1.5 磅宽度”，如图 2-6 所示。

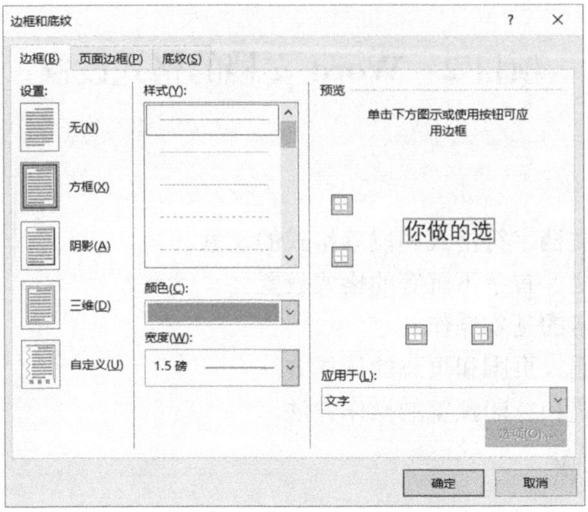

图 2-6 “边框和底纹”对话框

选中字符“你将来成为一个什么样的人”，按如上步骤，在“边框和底纹”对话框中单击“底纹”标签，在“图案”栏的“样式”下拉列表中选择“30%”，单击“颜色”下拉列表，选择“标准色”中的蓝色。

（4）设置字符缩放和间距。选中字符“奋不顾身”，单击“字体”按钮，在弹出的“字体”对话框中选择“高级”选项卡，如图 2-7 所示。在“缩放”下拉列表中选择“200%”，单击“确定”按钮。用类似的方法对字符“指天骂地”设置 66%缩放。

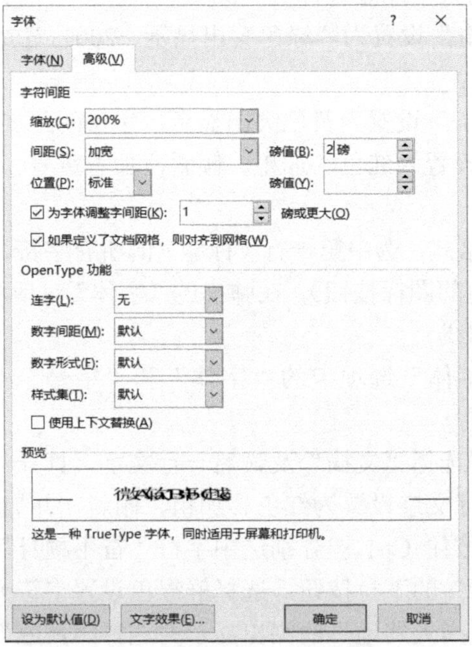

图 2-7 “高级”选项卡

选中字符“魂牵梦绕”，按如上步骤，打开“高级”选项卡，在“间距”下拉列表中选择“加宽”，将“磅值”设置为 2 磅，完成字符间距加宽的设置。

（5）设置效果如图 2-9 所示，保存文档。

项目 2.2：设置段落格式

【操作要求】

（1）打开“字符格式设置”文档，另存为“段落格式设置”，保存在自己的文件夹中。

（2）将第 1 段（标题）设置为居中对齐，段间距的段前、段后各 1 行。

（3）将第 2 段设置为右对齐。

（4）将第 5 段设置为左右各缩进“1 字符”，行间距为固定值“20 磅”。

（5）其余段落均设置为首行缩进 2 字符，行间距为 1.5 倍行距。

【操作步骤】

（1）设置对齐方式。将插入点置于第 1 行中，功能区切换至“开始”，单击“段落”组中的“居中”按钮，将第 1 行设为“居中对齐”。

用同样的方法设置第 2 行为“右对齐”。

（2）设置段前、段后间距。将插入点置于第 1 行中，功能区切换至“开始”，单击“段落”按钮，弹出“段落”对话框（图 2-8），打开“缩进和间距”选项卡，将“间距”中的“段前”和“段后”均设置为“1 行”。

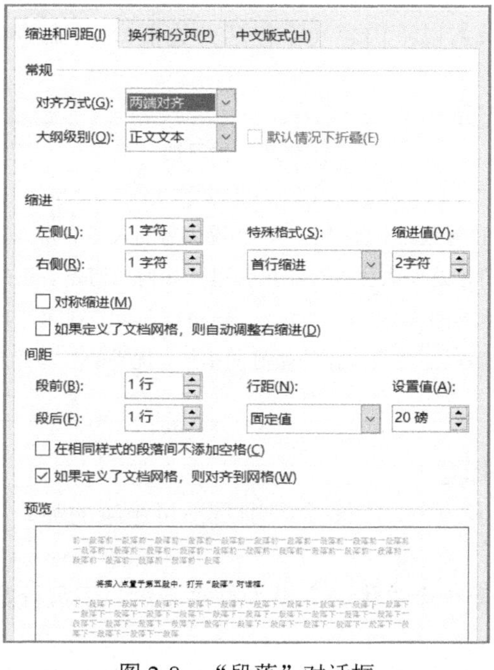

图 2-8 “段落”对话框

（3）设置左右缩进、首行缩进和行距。将插入点置于第 5 段中，打开“段落”对话框，在“缩进”栏中设置“左侧”“右侧”分别为“1 字符”。打开“行距”下拉列表，选择“固定值”，然后将右侧的“设置值”调整为“20 磅”。

将其余段落全部选中，打开“段落”对话框，打开“特殊格式”下拉列表，单击“首行缩进”，将“缩进值”设置为“2 字符”（或直接输入“2 字符”）。打开“行距”下拉列表，选择“1.5 倍行距”。

（4）在“段落”对话框中可随时通过“预览框”观察调整后的大致效果，设置结束后，单击“确定”按钮。设置效果如图 2-9 所示。

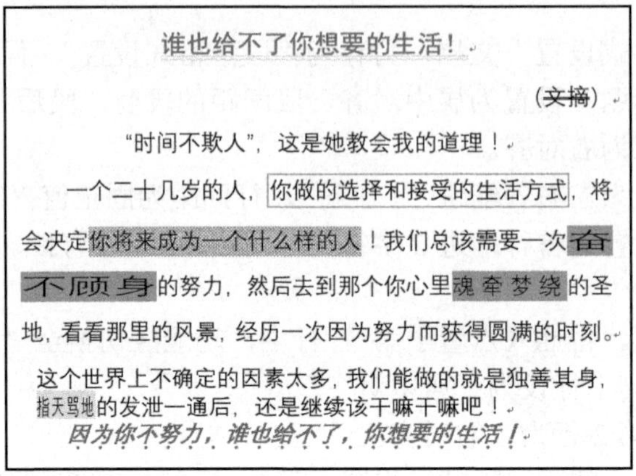
谁也给不了你想要的生活！

（文摘）

“时间不欺人”，这是她教会我的道理！

一个二十几岁的人，你做的选择和接受的生活方式，将会决定你将来成为一个什么样的人！我们总该需要一次奋不顾身的努力，然后去到那个你心里魂牵梦绕的圣地，看看那里的风景，经历一次因为努力而获得圆满的时刻。

这个世界上不确定的因素太多，我们能做的就是独善其身，指天骂地的发泄一通后，还是继续该干嘛干嘛吧！

因为你不努力，谁也给不了，你想要的生活！

图 2-9　“字符、段落格式设置”文档的设置效果

项目 2.3：应用样式，设置分栏及首字下沉

【操作要求】

（1）在 Word 文档中录入以下内容（不包括外边框），并命令为“分栏及首字下沉练习”，保存位置为自己的文件夹。

> 优秀是一种习惯
>
> （文摘）
>
> 优秀的人很多，我们都看得见。不客观的人，会说优秀的人与寻常人差距遥远，这之间的差距，大多是天生的。客观的人会分析，这些人优秀在哪里哪里，如何如何是自己的榜样，或者，如何如何的，不可超越。其实，细想想，优秀的人，与寻常的人，到底有多少差别呢？有多少差别是不可逾越的呢？
>
> 假如不说那些极少极少数极需要天分才能做好的事情，优秀的人与寻常人，最大的差别在这儿——细节的习惯，与习惯的细节。

（2）将第 1 行设置为标题 1。

（3）将“优秀的人很多……，有多少差别是不可逾越的呢？”这一段分为两栏，栏宽相等，加分隔线。

（4）将分栏这一段的第一个“优秀”设为首字下沉，下沉行数为 2 行，距正文 0.5 厘米。

【操作步骤】

（1）将第 1 行设置为标题 1。将插入点置于第 1 行的任意位置，或在该段中选择任意数量的文字。功能区切换至“开始”，单击“样式”组样式列表框中的“标题 1”命令，这时第一行的字符显示为“标题 1”的默认格式设置。

（2）设置分栏。选择“优秀的人很多……有多少差别是不可逾越的呢？”，将功能区切换至“页面布局”，单击“页面设置”组中的“分栏”按钮，在下拉列表中选择“更多分栏”命令，弹出“分栏”对话框。在“预设”中单击“两栏”，勾选“栏宽相等”和“分隔线”复选框，如图 2-10 所示。在预览内可显示设置后的效果，单击“确定”按钮完成设置。

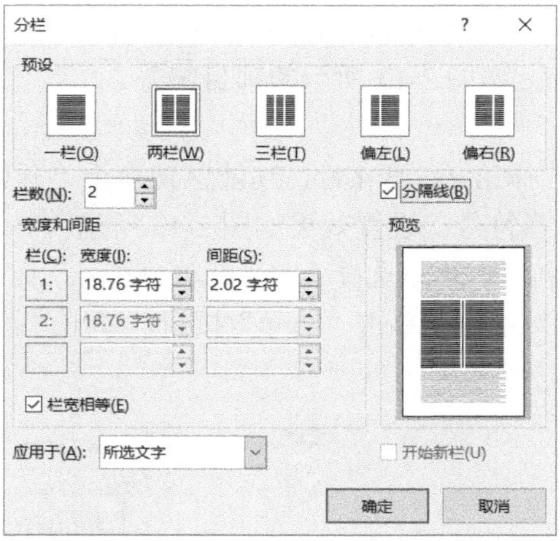

图 2-10 “分栏”对话框

（3）设置“首字下沉”。选择字符“优秀”，将功能区切换至“插入”选项卡，单击“文本”组中的“首字下沉”按钮，在下拉列表中选择“首字下沉选项”，弹出“首字下沉”对话框，如图 2-11 所示，单击“下沉”，将“下沉行数”设置为 2，“距正文”设置为“0.5 厘米”，单击“确定”按钮，设置效果如图 2-12 所示。

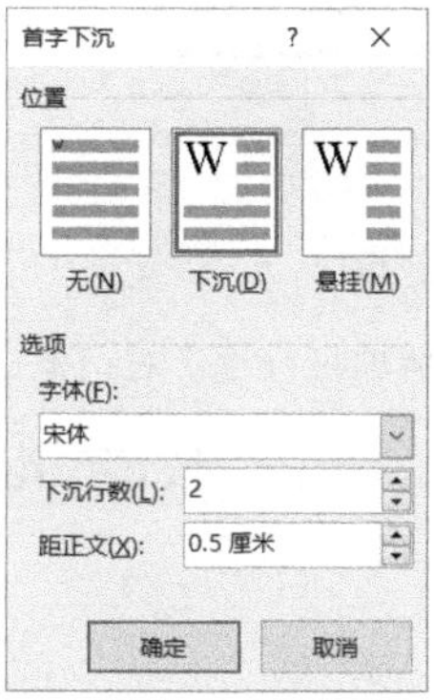

图 2-11 “首字下沉”对话框

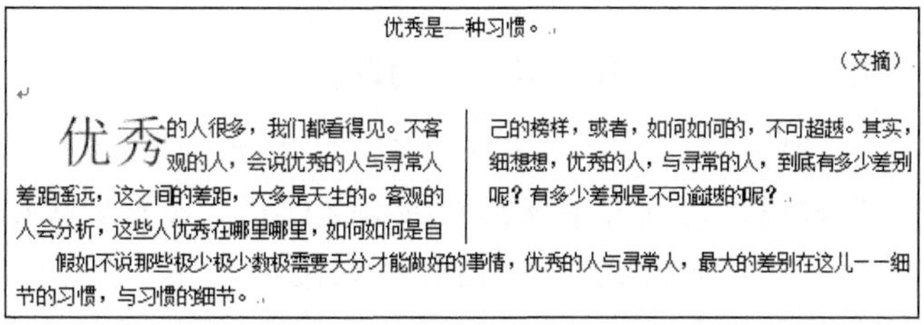
优秀是一种习惯。

（文摘）

优秀的人很多，我们都看得见。不客观的人，会说优秀的人与寻常人差距遥远，这之间的差距，大多是天生的。客观的人会分析，这些人优秀在哪里哪里，如何如何是自己的榜样，或者，如何如何的，不可超越。其实，细想想，优秀的人，与寻常的人，到底有多少差别呢？有多少差别是不可逾越的呢？

假如不说那些极少极少数极需要天分才能做好的事情，优秀的人与寻常人，最大的差别在这儿——细节的习惯，与习惯的细节。

图 2-12 分栏及首字下沉的设置效果

项目 2.4：项目符号和编号的设置

【操作要求】

（1）在 Word 文档中录入以下内容（不包括外边框），并命名为“项目符号编号练习”，保存位置为自己的文件夹。

最高境界

学习的最高境界——悟；

做人的最高境界——舍；

生活的最高境界——乐；

修炼的最高境界——空；

交友的最高境界——诚；

人生的最高境界——静；

爱情的最高境界——客。

（2）为第 2～第 4 行添加项目符号，符号样式如图 2-13 所示。

（3）将第 5～第 8 行加上如图 2-13 所示的项目编号。

【操作步骤】

（1）设置项目符号。选择第 2～第 4 行，功能区切换至“开始”，单击“段落”组的“项目符号”按钮，在列表中选择符号。设置效果如图 2-13 所示。

如果列表中没有需要的符号，可以选择“定义新项目符号”命令，打开“定义新项目符号”对话框，如图 2-14 所示。在对话框中单击“符号”按钮，弹出“符号”对话框，选择所需符号作为项目符号。

最高境界↵
➢→ 学习的最高境界——悟；↵
➢→ 做人的最高境界——舍；↵
➢→ 生活的最高境界——乐；↵
1)→修炼的最高境界——空；↵
2)→交友的最高境界——诚；↵
3)→人生的最高境界——静；↵
4)→爱情的最高境界——客。↵

图 2-13 “项目符号编号练习”的设置效果

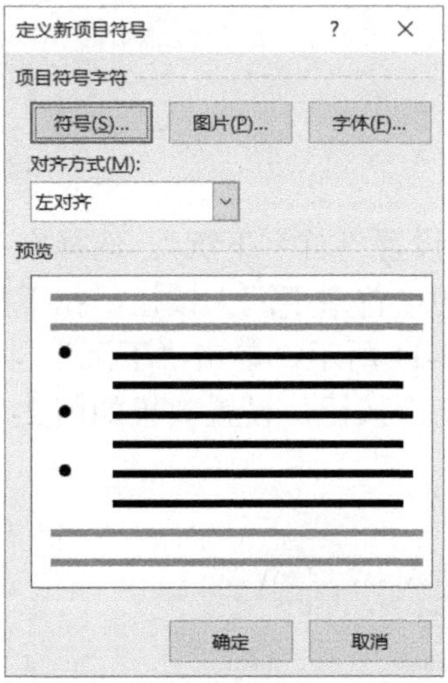

图 2-14 “定义新项目符号”对话框

（2）设置项目编号。选择第 5～第 8 行，功能区切换至“开始”，单击“段落”组的“项目编号”按钮，在列表中选择一种编号样式。设置效果如图 2-13 所示。

项目 2.5：制作工资表并进行格式化

【操作要求】

（1）新建 Word 文档，绘制如下所示表格（含标题），命名为“表格练习”，并保存在自己的文件夹中。

9 月份工资表

<table>
<tr><td rowspan="2">项 目
姓 名</td><td rowspan="2">基本工资</td><td colspan="2">奖金</td><td rowspan="2">应发工资</td><td rowspan="2">备注</td></tr>
<tr><td>出勤</td><td>绩效</td></tr>
<tr><td>张小云</td><td>478.00</td><td>200.00</td><td>128.00</td><td>806.00</td><td rowspan="4">未计入浮动工资</td></tr>
<tr><td>李民</td><td>376.00</td><td>200.00</td><td>140.00</td><td>716.00</td></tr>
<tr><td>新力</td><td>544.00</td><td>200.00</td><td>280.00</td><td>1024.00</td></tr>
<tr><td>合计</td><td></td><td></td><td></td><td></td></tr>
</table>

（2）表标题为隶书三号字，第 1 行设为隶书五号字，其他文字均为小五号字。

（3）单元格对齐方式为“垂直、水平均居中对齐”。

（4）设置第 1 列列宽为 3 厘米，第 2 列列宽为“60 磅”。

（5）外框线为 0.75 磅蓝色双实线，内框线为 0.5 磅红色单实线。

（6）最下面一行的合计数通过计算得来。

【操作步骤】

（1）新建表格。新建文档，输入表的标题。然后将光标置于插入表格位置，功能区切换至“插入”，单击“表格”组的“表格”按钮，打开“插入表格”下拉列表，选择其中的“插入表格”命令，弹出“插入表格”对话框。在“表格尺寸”的“列数”和“行数”增量框中均输入 6，如图 2-15 所示。单击“确定”按钮。

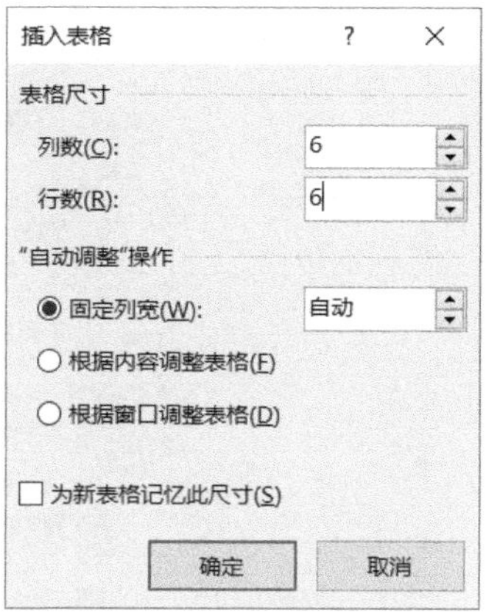

图 2-15 “插入表格”对话框

（2）合并单元格。选定 1 行 1 列和 2 行 1 列的两个单元格，右击，打开快捷菜单，选择“合并单元格”命令，完成合并单元格操作。

按相同的操作方法，参照样表，完成其他 3 个合并单元格操作。

（3）绘制斜线表头，输入原始数据。打开“插入表格”下拉列表，选择“绘制表格”命令，光标自动变为铅笔形状，进入绘制状态。单击并拖动，在表格的第 1 行第 1 列的单元格中绘制斜线，即为“斜线表头”。再次单击“绘制表格”命令取消绘制状态。

将光标置于第 1 个单元格中，然后按回车键，单元格分为两个段落。将第一个段落设置为右对齐，第二个段落设置为左对齐，然后输入表格内容。

（4）设置表标题及表格中的字符格式。分别选择表标题及表格的第 1 行字符，设置字体为隶书，字号分别为三号和五号。选择表格中其他行字符，设置字号为小五号。

（5）设置单元格对齐方式。将光标置于表格内，单击表格左上角的选定按钮选定表格，功能区切换至“表格工具－布局”，单击“对齐方式”组的第 2 行第 2 列“水平居中”按钮，如图 2-16 所示，即可将整个表格设置为“垂直、水平居中对齐”。

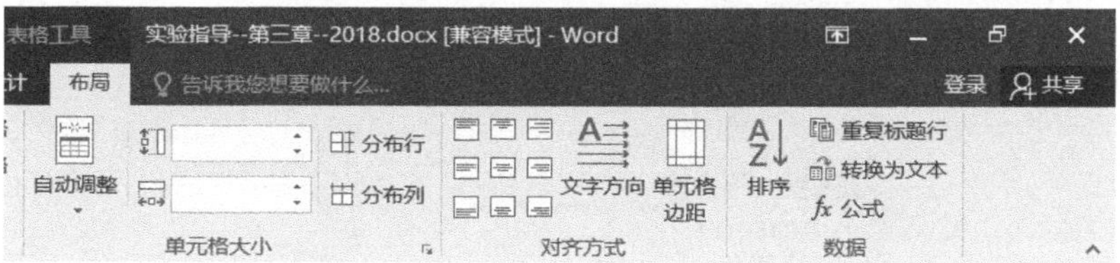

图 2-16 “表格工具-布局”选项卡

将光标置于第一个单元格的第一段，功能区切换至“开始”，单击“段落”组的“右对齐”按钮将第一个段落设置为右对齐。类似地将第二个段落设置为左对齐。

（6）设置列宽。将光标置于第一列的上方，鼠标指针变为向下黑色箭头，单击选定第 1 列，功能区切换至“表格工具－布局”选项卡，在“单元格大小”组的“表格列宽”框中输入

3，然后按回车键，将第 1 列列宽调整为 3 厘米。

按相同的操作方法，将第 2 列的列宽设置为“60 磅”，但设置时需要在“表格列宽”框中输入“60 磅”，单位不能省略。

（7）设置表格边框及底纹。选定表格，功能区切换至“开始”，单击“段落”组“边框”的下三角按钮，选择“边框和底纹”命令，弹出“边框和底纹”对话框，如图 2-17 所示。

图 2-17　“边框”选项卡

在“边框”选项卡中，单击“设置”项中的“方框”，在“样式”列表中选择“双实线”，在“颜色”下拉列表中选择“蓝色”，在“宽度”下拉列表中选择“0.75 磅”。

按照如上相同的设置方法，重新设置边框“样式”为“单实线”，“颜色”为“红色”，“宽度”为“0.5 磅”。然后单击“预览”内的内部水平框线按钮及垂直框线按钮，设置内部框线。

（8）用公式计算最后一行的合计数据。将光标置于 6 行 2 列单元格中，功能区切换至“表格工具—布局”，单击“数据”组的“f_x 公式”，弹出“公式”对话框，如图 2-18 所示。在“公式”文本框中自动填入公式“=SUM(ABOVE)”。由于案例要求与公式内容相符，所以不需修改公式的应用，单击“确定”按钮完成操作。

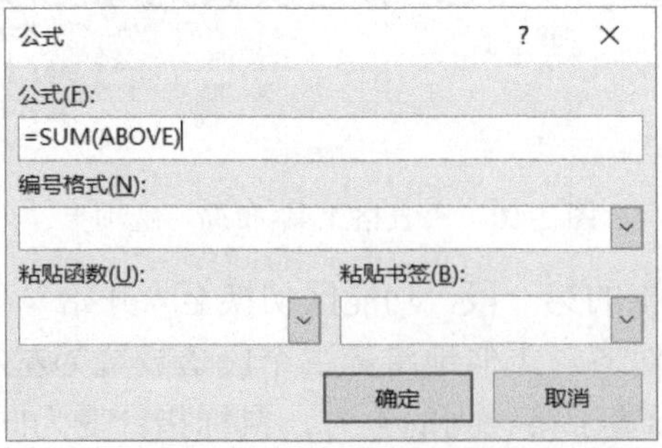

图 2-18　“公式”对话框

按相同的操作方法完成其他合计数值的计算。

项目 2.6：文本转换为表格

【操作要求】

（1）新建 Word 文档，输入以下文本框的文本内容（不包括外边框），命名为“文本转换为表格”，保存位置为自己的文件夹。

姓名,数学,语文,外语 王光,95,88,99 石佳,96,88,90 郑大,90,93,89

（2）将文本内容转化为 4 行 4 列表格。

（3）设置表格样式为“网格表 6 彩色-着色 6”。

【操作步骤】

（1）输入文本，注意文本间的“,”分隔符为半角符号。

（2）选定文本内容。

（3）功能区切换至“插入”，单击“表格”组的“表格”按钮，选择“将文本转换成表格”命令，弹出“将文字转换成表格”对话框，如图 2-19 所示。在此对话框的“列数”增量框中，将表格的列数设置为“4”，“文字分隔位置”自动设置为“逗号”。单击“确定”按钮完成操作。

（4）应用表格样式。光标置于表格中，功能区切换至“表格工具－设计”，单击“表格样式”组的“其他”按钮，在列表中选择“网格表”中第 6 行第 7 列的样式，即“网格表 6 彩色-着色 6”的样式，如图 2-20 所示。

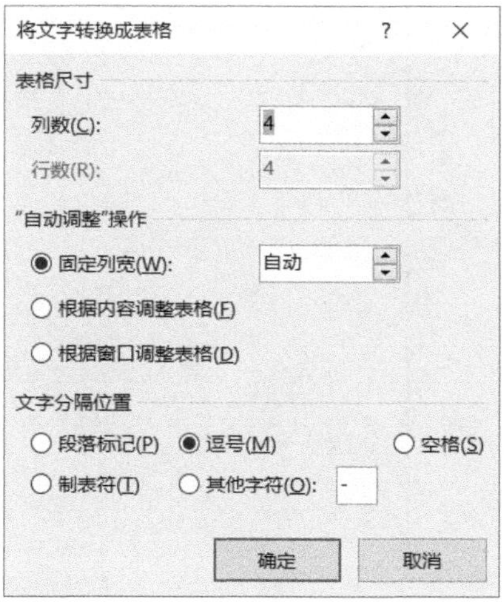

图 2-19　“将文字转换成表格”对话框

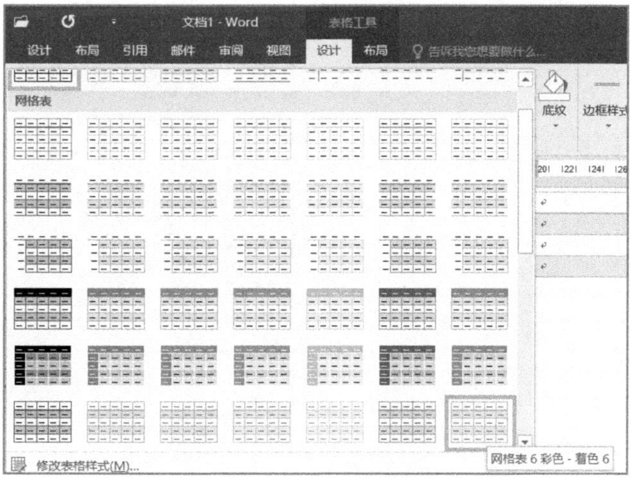

图 2-20　“表格样式”列表

项目 2.7：页面格式的排版

【操作要求】

（1）在 Word 文档中打开“项目符号编号练习”，另存为“页面格式练习”，保存位置为自己的文件夹，实现如图 2-21 所示的设置效果。

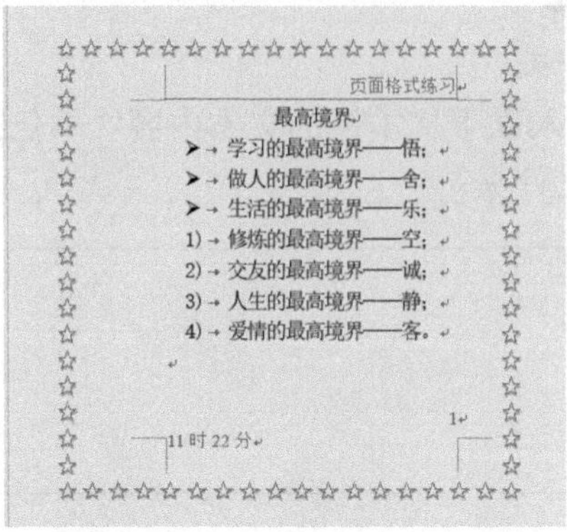

图 2-21　页面格式排版后的效果

（2）设置上、下、左、右页边距分别为 2 厘米、2 厘米、2.5 厘米、2 厘米。纸张方向为纵向。纸张大小为自定义大小，宽度为 10 厘米，高度为 10 厘米。装订线页边距为“10 磅”，装订线位置为“左”，每页 11 行，每行 15 个字符。

（3）设置页眉和页脚为奇偶页不同，奇数页的页眉为“页面格式练习”，右对齐，页脚为系统时间，左对齐。

（4）将页码插入到文档的页面底端，右对齐，“普通数字 3”样式。

（5）为文档设置艺术型边框，页面颜色为“绿色，个性色 6，淡色 80%”。

【操作步骤】

（1）设置页面格式。将功能区切换至“布局”，单击“页面设置”按钮，弹出如图 2-22 所示的“页面设置”对话框。

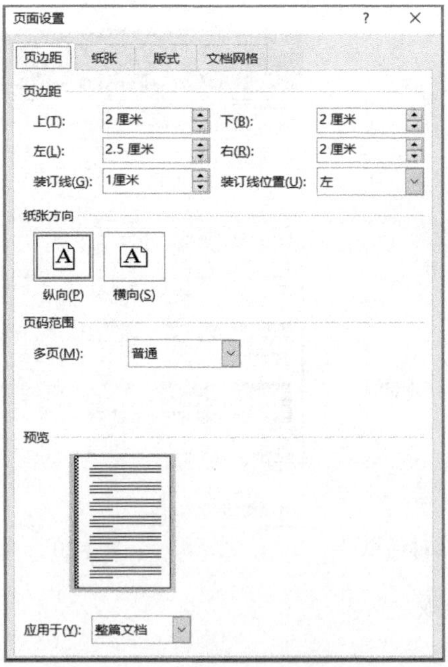

图 2-22　“页面设置”对话框

在“页面设置”对话框中，选择“页边距”选项卡，设置上、下、左、右页边距，装订线的位置、距离，纸张方向为“纵向”。选择“纸张”选项卡设置纸张的大小，选择“文档网格”选项卡设置每页行数和每行的字符数。

（2）设置页眉和页脚。在“页面设置”对话框中单击“版式”选项卡，选择“奇偶页不同”选项。然后将功能区切换至“插入”，单击“页眉和页脚”组中的“页眉”按钮，选择“空白页眉”，进入“页眉”编辑状态。默认状态下输入奇数页的页眉，接着再输入偶数页的页眉，设置对齐方式为右对齐。同时显示“页眉和页脚工具一设计”选项卡，如图 2-23 所示。

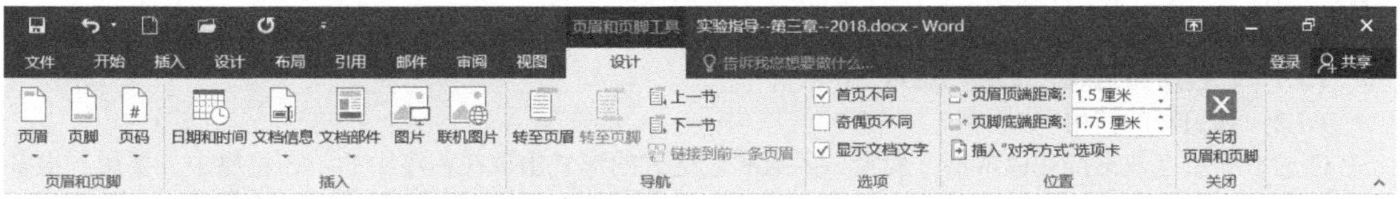

图 2-23　“页眉和页脚工具一设计”选项卡

单击“页眉和页脚工具一设计”选项卡中的“转至页脚”按钮，进入“页脚”编辑区。

单击图 2-23 中的“日期和时间”按钮，打开“日期和时间”对话框。选择一种可用的时间格式。

（3）插入页码。功能区切换至“插入”，单击“页眉和页脚”组中的“页码”按钮，在下拉列表中选择“页面底端”的“普通数字 3”。

（4）为文档设置艺术型边框。在功能区中切换至“开始”选项卡。在“段落”组中单击“边框”下拉按钮，在弹出的下拉列表中选择“边框和底纹”命令，如图 2-24 所示，弹出“边框和底纹”对话框。在对话框中打开“页面边框”选项卡，在“艺术型”下拉列表中选择一种样式，为整个页面设置艺术型边框。

（5）设置页面颜色。将功能区切换至“设计”。在“页面背景”组中单击“页面颜色”按钮，在调色板中选择页面颜色为“绿色，个性色 6，淡色 80%”，如图 2-25 所示。

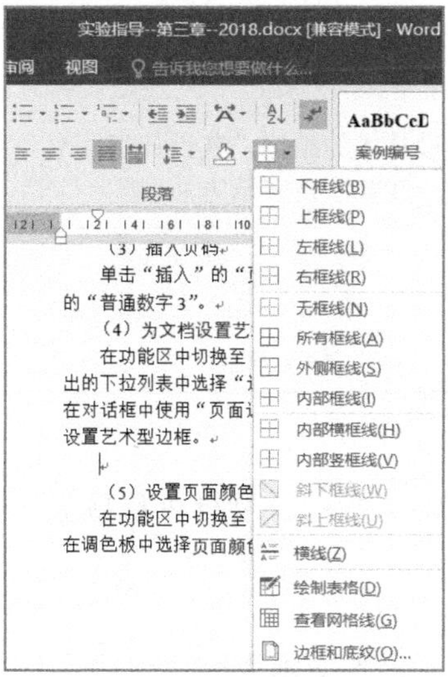

图 2-24　“边框”下拉列表

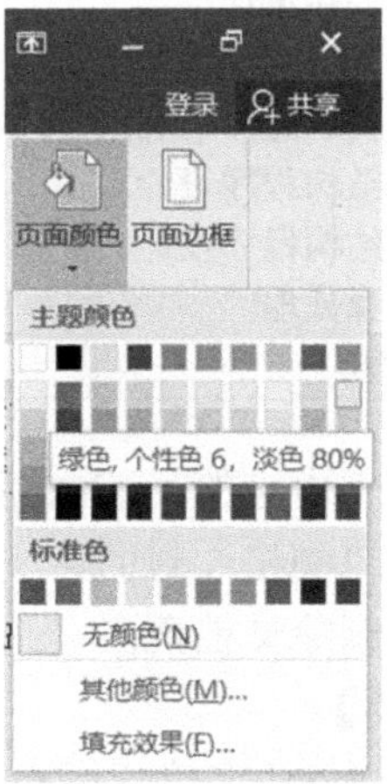

图 2-25　“页面颜色”调色板

项目 2.8：插入目录和封面

【操作要求】

（1）新建 Word 文档，录入以下内容（不包括外边框），并命名为“目录封面练习”，保存位置为自己的文件夹。

> **第 1 章　C 语言概述及 C 程序的实现**
>
> **1.1　基本知识点**
>
> 一个 C 源程序文件是由一个或若干个函数组成的。在这些函数中有且只有一个是主函数 main()，主函数由系统提供。各个函数在程序中所处的位置并不是固定的。
>
> 一个 C 源程序文件是一个编译单位，即以源文件为单位进行编译，而不是以函数为单位进行编译。
>
> **1.1.1　C 程序的组成、main( )函数**
>
> **1.1.2　标识符的使用**
>
> C 语言中所有数据都是以常量、变量、函数和表达式的形式出现在程序中的，在程序中，要用到很多名字。其中，用来标识符号常量名、变量名、函数名、数组名以及类型名等有效字符序列称为标识符。
>
> **1.1.3　C 程序的上机过程**
>
> **1.2　例题分析**
>
> **例 1.5**　以下（　　）不是合法标识符。
>
> A．Float　　B．unsigned　　C．integer　　D．Char
>
> **相关知识：**C 语言的标识符。
>
> **1.3　习题及答案**
>
> **第 2 章　数据类型、运算符与表达式**
>
> **2.1　基本知识点**
>
> **2.1.1　基本数据类型及其定义**
>
> **2.1.2　常量**
>
> 常量：在程序运行过程中，其值不变的量，叫常量。常量分为普通常量和符号常量（用#define 定义）两种。
>
> 常量的类型分为：整型、实型（单精度型、双精度型）、字符型和字符串常量。
>
> **2.1.3　变量**
>
> **2.2　例题分析**
>
> **第 3 章　C 语言程序设计及编译预处理**
>
> **3.1　基本知识点**
>
> **3.1.1　简单程序设计**
>
> 简单程序设计又称为顺序结构程序设计，是程序设计的最基本的结构，其设计很简单。在这部分内容中，主要涉及的内容有：①利用计算机求解实际问题的过程；②算法及表示方法。
>
> **3.1.2　选择结构程序设计**
>
> **3.1.3　循环结构程序设计**
>
> **3.1.4　编译预处理**
>
> **3.2　例题分析**

（2）在文本内容的最前面插入目录。

（3）插入“网格”封面，文件标题为“C 语言程序设计”，文件副标题为“自己的班级、学号、姓名”，删除文档摘要。

【操作步骤】

（1）新建 Word 文档，保存为“目录封面练习”，输入文本内容。

（2）按样式设置各级标题的格式。将光标置于第 1 行，切换功能区至“开始”，在“样式”组的样式列表中单击“标题 1”样式，即将“第 1 章……”的格式设置为一级标题。使用“格式刷”将“第 2 章……”“第 3 章……”的样式也设置为一级标题。

按照同样的操作方法将所有节（如“1.1……”）的格式设置为“标题 2”样式，将所有小节（如“1.1.1……”）的格式设置为“标题 3”样式。

（3）文稿按照统一的格式排好版后，将光标置于要插入目录的位置。

（4）插入目录。功能区切换至“引用”，单击“目录”组中“目录”的下三角按钮，打开下拉列表，选择一种自动目录的样式，如“自动目录 1”，生成目录如图 2-26 所示。

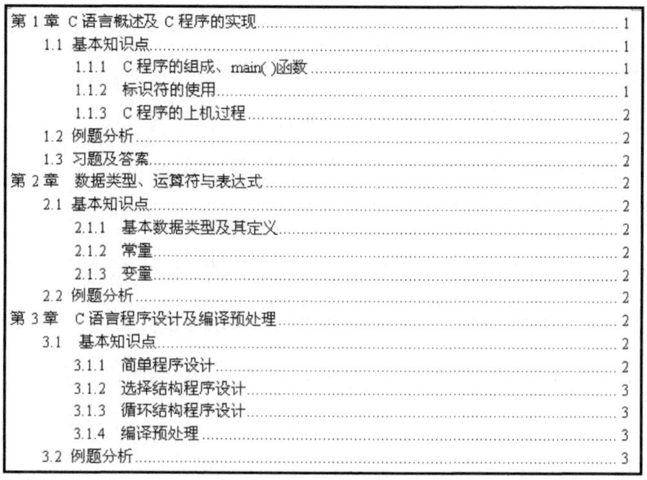
第 1 章 C 语言概述及 C 程序的实现........1
1.1 基本知识点........1
1.1.1 C 程序的组成、main( )函数........1
1.1.2 标识符的使用........1
1.1.3 C 程序的上机过程........2
1.2 例题分析........2
1.3 习题及答案........2
第 2 章 数据类型、运算符与表达式........2
2.1 基本知识点........2
2.1.1 基本数据类型及其定义........2
2.1.2 常量........2
2.1.3 变量........2
2.2 例题分析........2
第 3 章 C 语言程序设计及编译预处理........2
3.1 基本知识点........2
3.1.1 简单程序设计........2
3.1.2 选择结构程序设计........3
3.1.3 循环结构程序设计........3
3.1.4 编译预处理........3
3.2 例题分析........3

图 2-26 自动生成的目录

（5）插入及删除封面。功能区切换至“插入”，单击“页面”组中“封面”的下三角按钮，在下拉列表中选择“网格”的封面样式，系统自动在文档的第一页前插入封面，如图 2-27 所示。在标题和副标题文本框中输入文字内容，删除摘要文本框中的内容。

图 2-27 “网格”的封面样式

如果要删除已有的封面，可再次将功能区切换至“插入”，单击“页面”组中“封面”的下三角按钮，在下拉列表中选择“删除当前封面”命令即可。

三、项目练习

（1）打开自己文件夹中的“水调歌头”文档，进行字符格式的设置：

1）将标题设置为：等线、三号字。

2）将副标题设置为：华文隶书、五号字、倾斜。

3）将正文设置为：楷体、四号字。

（2）打开自己文件夹中的“水调歌头”文档，进行段落格式的设置：

1）将标题设置为居中对齐格式，段前、段后设置 1 行间隔。

2）将副标题设置为右对齐方式，并且加波浪线下划线。

3）调整正文的左缩进和右缩进，使得每行显示大约 28 个汉字。

4）将正文首行缩进 2 个字符，行间距调整为 1.2 倍行距。

（3）打开自己文件夹中的“水调歌头”文档，进行边框和底纹格式的设置：

1）将副标题添加边框，并且底纹设置为灰色。

2）添加一个页面边框：红色、1.5 磅方框边框。

（4）打开自己文件夹中的“水调歌头”文档，进行分栏和首字下沉的设置：

1）将正文部分分为两栏，栏宽相等，加分隔线。

2）将每一自然段的第一个字设置为首字下沉，宋体、下沉 2 行、距正文 10 磅。

（5）打开自己文件夹中的“水调歌头”文档，进行页眉和页脚的设置：

1）设置页眉：“宋词—水调歌头”，楷体、8 号字，居中对齐。

2）设置页脚：14 号字、“第 X 页 共 X 页”。

（6）打开自己文件夹中的“水调歌头”文档，进行下列页面格式的设置：

1）设置打印纸为：32 开大小，纵向打印。

2）设置左右页边距为 2 厘米，上下页边距为 3 厘米。

3）用打印预览观察打印后的效果。

（7）在 Word 中绘制如下表所示的表格，并命名为“招聘登记表.doc”。

招聘登记表

<table>
<tr><td>姓名</td><td></td><td>民族</td><td></td><td rowspan="6">照片</td></tr>
<tr><td>出生日期</td><td></td><td>政治面貌</td><td></td></tr>
<tr><td>英语程度</td><td></td><td>联系电话</td><td></td></tr>
<tr><td>就业意向</td><td colspan="3"></td></tr>
<tr><td>E-mail 地址</td><td colspan="3"></td></tr>
<tr><td>通信地址</td><td colspan="3"></td></tr>
</table>

<table>
<tr><td>有何特长</td><td colspan="3"></td></tr>
<tr><td>奖励或
处分情况</td><td colspan="3"></td></tr>
<tr><td rowspan="5">简历</td><td>时间</td><td>所在单位</td><td>职务</td></tr>
<tr><td></td><td></td><td></td></tr>
<tr><td></td><td></td><td></td></tr>
<tr><td></td><td></td><td></td></tr>
<tr><td></td><td></td><td></td></tr>
<tr><td colspan="4">学院推荐意见：
（盖章）
年　月　日</td></tr>
</table>

<table>
<tr><td>学校就业
办意见</td><td>（盖章）
年　月　日</td><td>用人单
位意见</td><td>（盖章）
年　月　日</td></tr>
</table>

项目 3　Word 文档的图文混排

一、学习目标

（1）掌握图片、艺术字等的插入方法。

（2）掌握文本框的使用方法。

（3）掌握图片的排版方法。

（4）掌握插入 SmartArt 等图形的方法。

（5）掌握输入数学公式的方法。

（6）掌握 Word 中常用的目录生成方法。

二、项目内容及步骤

项目 3.1：图文混排文档

【操作要求】

（1）在 Word 文档中输入以下内容（不包括外边框），命名为“图文混排练习”，并保存在自己的文件夹中。

> § 3.1　方程求根
>
> 科学技术的很多问题常归结为求方程 f(x)=0 的根。在中学里我们已解过 x 的二次方程，如 $ax^2+bx+c=0$ 就属于这一种类型。方程的根有两个，即
>
> $$x=\frac{-b\pm\sqrt{b^2-4ac}}{2a}$$
>
> 
>
>
> 如果 x_2 是它的根，那么用 x_2 代入 f(x)中，其值必定为 0。我们知道：$f(x)=y=ax^2+bx+c$ 的图线是一条二次曲线。

（2）标题使用艺术字，艺术字样式：3 行 3 列，“上下型”环绕方式，文字效果为“转换一两端近”。形状样式采用第 4 行第 3 列的样式。

（3）插入数学公式。

（4）插入一幅图片，作为文档的背景。

（5）插入云形标注，标注内容为“一元二次方程的求根公式”。

【操作步骤】

（1）新建文档，输入一般文本内容，保存文档为“图文混排练习”。

（2）插入小节符号“§”。

功能区切换至“插入”，单击“符号”组中的“符号”按钮，选择“其他符号”命令，弹出“符号”对话框。在“特殊符号”选项卡中选择“小节”符号，如图 2-28 所示，单击“插入”按钮，即可将符号插入到文本中，单击“关闭”按钮关闭对话框。

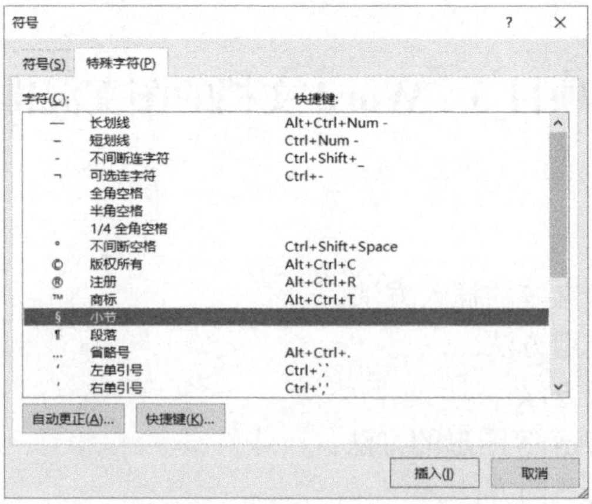

图 2-28　“符号”对话框

（3）设置上标、下标。选择数字 2，功能区切换至“开始”，单击“字体”组的 x^2 命令按钮，进行上标的设置；单击 x_2 命令，进行下标的设置。

（4）标题使用艺术字，并设置艺术字样式、文字环绕及效果。使用艺术字，并设置艺术字样式。选定标题文字，功能区切换至“插入”，单击“文本”组的“艺术字”下拉按钮，在打开的艺术字列表中选择第 3 行第 3 列的样式，如图 2-29 所示。

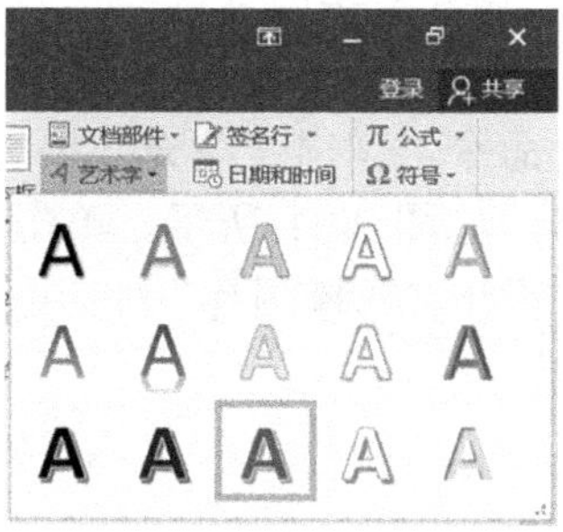

图 2-29　“艺术字”样式列表

设置艺术字的环绕方式。单击标题，会相应出现“绘图工具—格式”选项卡，单击“排列”组的“环绕文字”下拉按钮，选择“上下型环绕”。

设置艺术字效果。单击标题，在“绘图工具—格式”选项卡中，单击“艺术字样式”的“文字效果”下拉按钮，如图 2-30 所示，光标指向“转换”命令，选择“弯曲”组中第四行第三列的“两端近”。

图 2-30　设置“艺术字”效果

（5）设置艺术字的形状样式。单击标题，在“绘图工具—格式”选项卡中单击“形状样式”列表中第 4 行第 3 列的样式。

（6）插入数学公式。确定插入点，功能区切换至“插入”，单击“符号”组“公式”的下拉按钮，选择“二次公式”，公式编辑框自动出现在插入点，在编辑框外空白处单击，结束操作。

（7）插入标注。确定插入点，功能切换至“插入”，单击“插图”组的“形状”下拉按钮，选择“标注”中的“云形标注”按钮，光标变为“十”字形，拖动鼠标插入标注。

右击标注，选择“编辑文字”，输入文字内容。

（8）插入背景图片，设置图片格式。功能区切换至“设计”，单击“页面背景”组的“页面颜色”按钮，选择“填充效果”命令，弹出“填充效果”对话框。

选择对话框的“图片”选项卡，如图 2-31 所示，单击“选择图片”按钮；在随后的窗口中选择“从文件”的“浏览”按钮，弹出“选择图片”对话框，找到一幅图片，如“背景图.jpg”，插入到文档中，效果如图 2-32 所示。

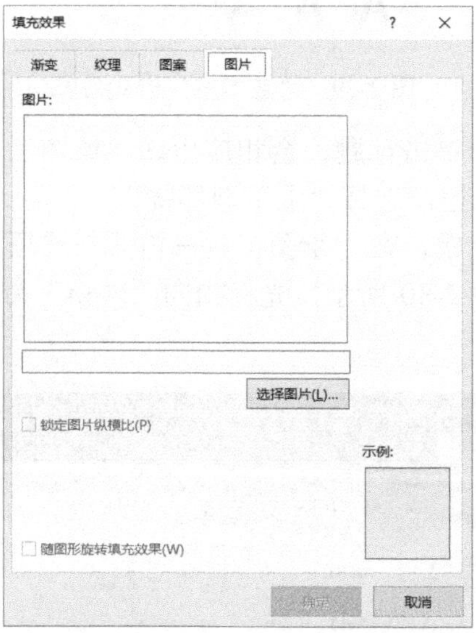

图 2-31　“填充效果”对话框的“图片”选项卡

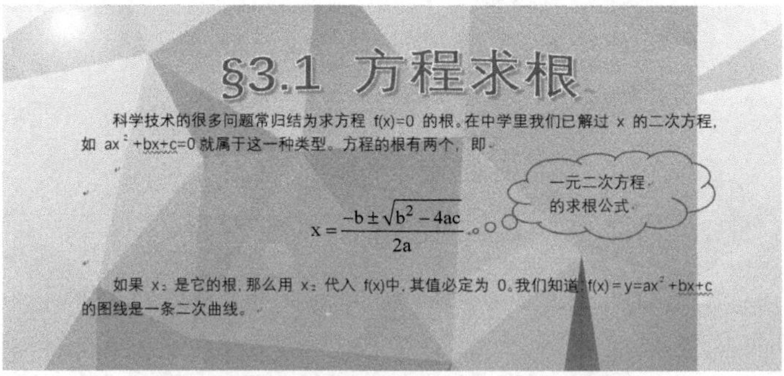

图 2-32　“图文混排练习”设置效果

项目 3.2：绘制流程图

【操作要求】

（1）在 Word 中利用系统的图形形状绘制如图 2-33 所示的流程图，命名为“流程图练习”，并保存在自己的文件夹中。

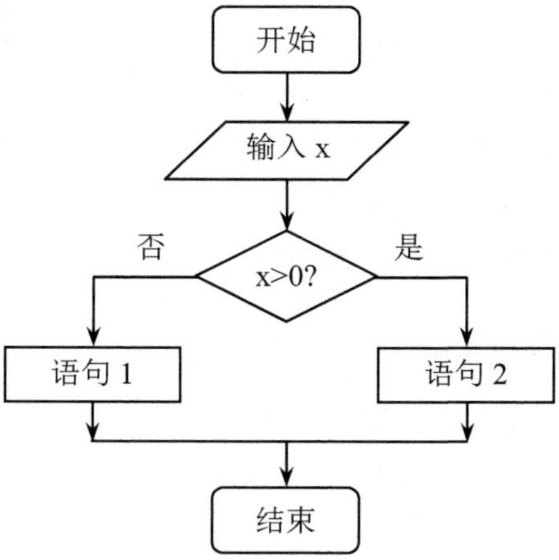

图 2-33　流程图

（2）按照图形位置设置恰当的“对齐与分布”，如若干个图形的“水平居中”。

（3）将所有图形组合为一个图形。

【操作步骤】

（1）功能区切换至“插入”，单击“插图”组的“形状”下拉按钮，在弹出的下拉列表中包含了可供使用的各种图形工具，如图 2-34 所示。

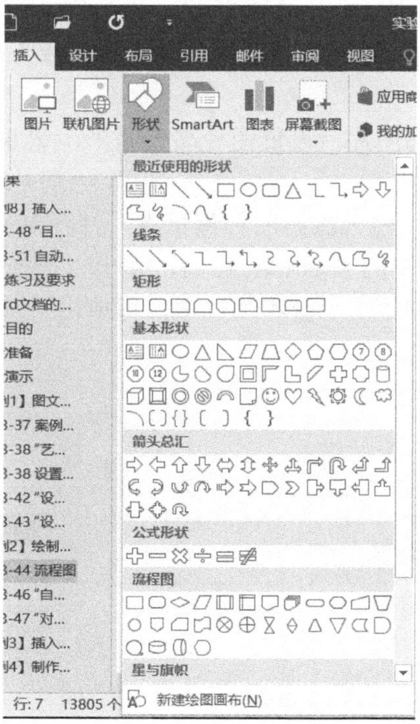

图 2-34　“形状”下拉列表

（2）在“流程图”组中，选择相应的工具进行图形的绘制。

（3）图形的对齐与分布。按住 Shift 键，同时选择几个图形，如“开始”“输入 x”“x>0?”3 个图形，功能区切换至“绘图工具－格式”，单击“排列”组的“对齐对象”按钮，打开下拉列表，选择“水平居中”（根据图形位置，选择相应的对齐方式）命令，如图 2-35 所示，将 3 个图形的中线对齐。

选择其他若干图形，按照类似方法设置图形的对齐方式。

（4）组合图形。拖动鼠标选定所有图形，或者按住 Shift 键，逐个单击自选图形，也可以选定所有图形。右击鼠标，从快捷菜单中选择“组合”命令，将所有的图形进行组合，成为一个图片。

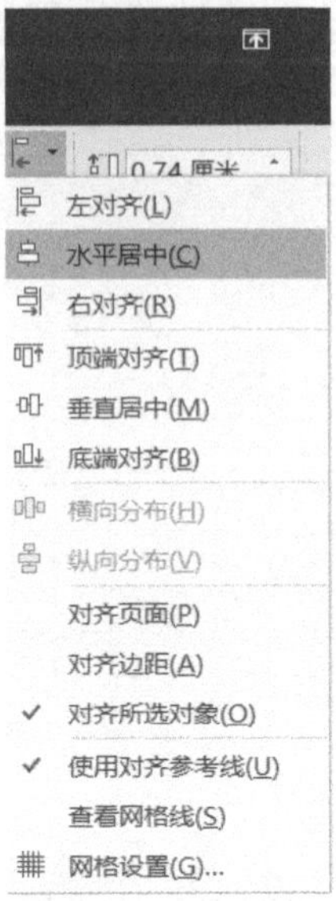

图 2-35　“对齐对象”按钮及其下拉列表

项目 3.3：使用 SmartArt 图形设计旅游的行程安排

【操作要求】

（1）在 Word 文档中输入以下内容（不包括外边框），命名为“SmartArt 练习”，并保存在自己的文件夹中。

行程安排
葡京娱乐场－东望洋炮台－圣母雪地殿圣堂－东望洋灯塔－卢廉若公园

（2）将输入的正文内容修改为 SmartArt 的“基本流程”样式，设置颜色为“彩色－个性色”。

（3）在适当位置插入一幅图片，设置图片高 5 厘米，宽 8 厘米，四周型环绕。

【操作步骤】

（1）插入 SmartArt 图形，输入旅游的行程景点。打开 Word 文档，将功能区切换到“插入”选项卡，单击“插图”组中的 SmartArt 按钮，弹出“选择 SmartArt 图形”对话框，选择需要的 SmartArt 图形类型，如单击“流程”选项，再单击“基本流程”图标，然后单击“确定”按钮，如图 2-36 所示。

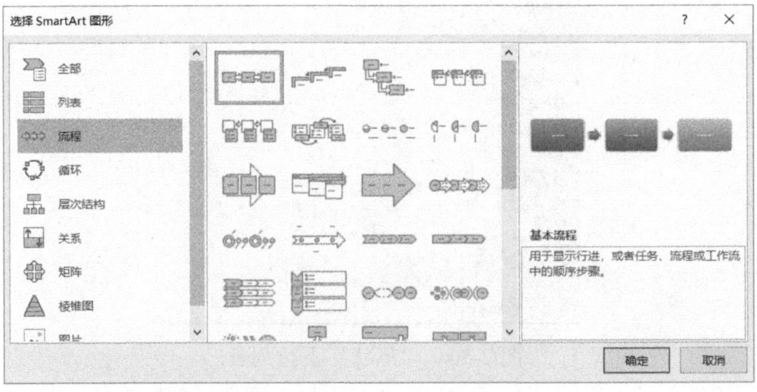

图 2-36　单击“基本流程”图标

此时，在文档中插入了 SmartArt 图形，可以直接单击标识为“文本”的文本框输入相应的文本内容。但因为默认的文本框只有 3 个，不足以输入 5 个文本内容，所以需要选择 SmartArt 图形，单击图形框左侧的图标按钮，弹出“在此处键入文字”对话框，如图 2-37 所示。当默认的 3 个文本框输入完成后，按 Enter 键即可增加一个文本框，依此方法继续输入文本至结束。

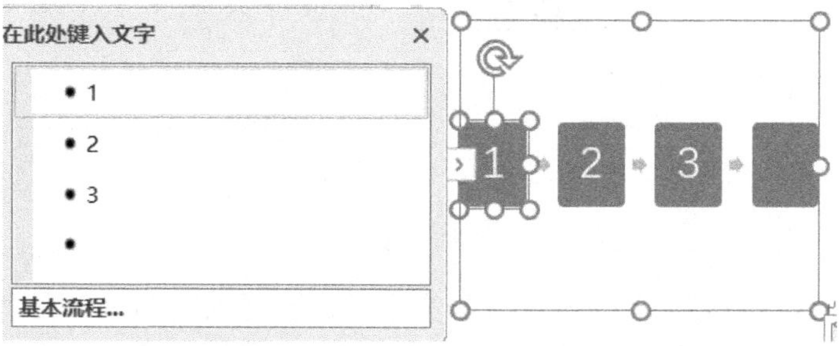

图 2-37　在“在此处键入文字”对话框中增加文本框输入文本

（2）设置 SmartArt 图形颜色为“彩色一个性色”。单击“SmartArt 样式”组中的“更改颜色”下拉按钮，在展开的样式库中选择一种颜色方案，如选择“彩色”组中的“彩色一个性色”，更改了图形的颜色，如图 2-38 所示。

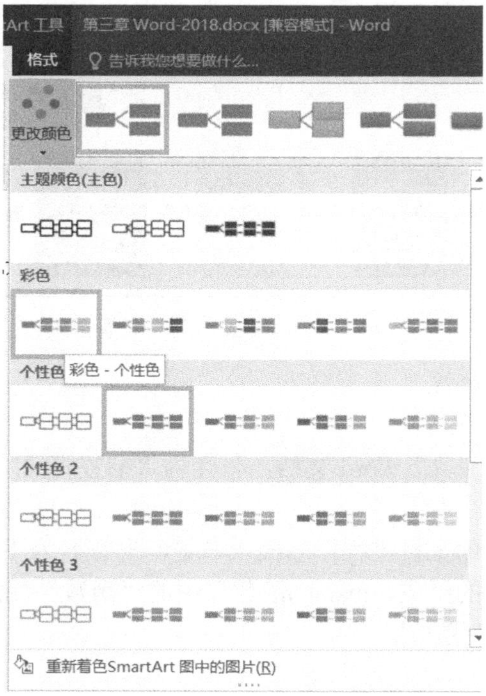

图 2-38　选择“彩色一个性色”颜色

（3）插入图片。在需要插入图片的位置单击，将光标定位到该插入点位置。功能区切换至“插入”，在“插图”组中单击“图片”按钮，弹出“插入图片”对话框，如图 2-39 所示。在“位置”下拉列表中选择图片所在的文件夹，然后选择需要插入文档中的图片，单击“插入”按钮。

图 2-39 “插入图片”对话框

（4）通过功能区设置项精确设置图片的大小。选择插入的图片，在“图片工具一格式”选项卡下“大小”组中的“形状高度”和“形状宽度”增量框中输入数值，可以精确调整图片在文档中的大小。

（5）调整图片版式。选中图片，功能区切换到“图片工具一格式”选项卡，在“排列”组中单击“环绕文字”下拉按钮，在打开的下拉列表中选择一种环绕选项，如“四周型”，设置效果如图 2-40 所示。

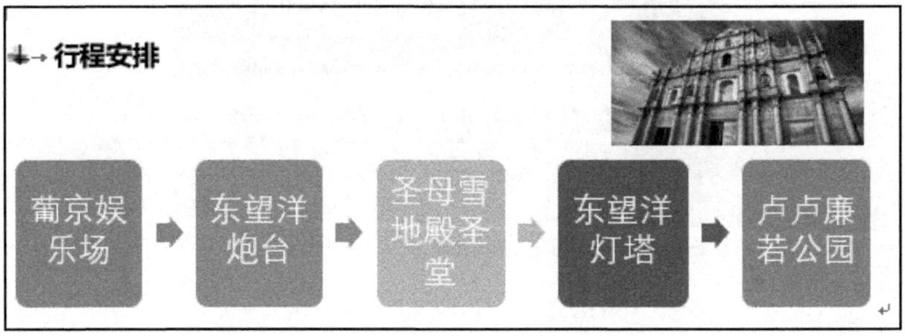

图 2-40 “SmartArt 练习”设置效果

项目 3.4：插入书签、脚注

【操作要求】

（1）打开“目录封面练习”Word 文档，另存为“书签脚注练习”，保存位置为自己的文件夹。

（2）在“1.1.3 C 程序的上机过程”后插入书签，书签名为“上机过程”。

（3）对“1.1.1 C 程序的组成、main( )函数”中的“函数”后插入脚注，脚注内容为“具有相对独立单一功能的程序代码”。

【操作步骤】

（1）插入书签。将插入点置于“1.1.3 C 程序的上机过程”后，将功能区切换至“插入”，单击“链接”组的“书签”命令，弹出“书签”对话框。在“书签名”文本框中输入“上机过程”，如图 2-41 所示，单击“添加”按钮，完成操作。

（2）插入脚注。将光标置于“1.1.1 C 程序的组成、main()函数”行的末尾，功能区切换至“引用”，单击“脚注”组的“插入脚注”命令，插入点自动切换至当前页面底端，输入脚注文本。而在插入脚注的文本右上角出现数字形式的脚注标记，序号从“1”开始。

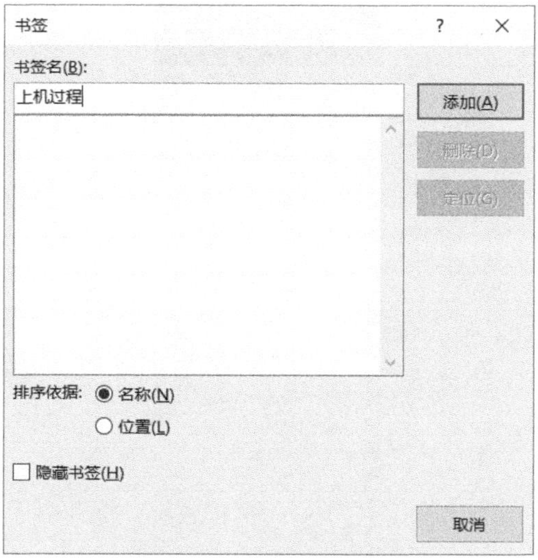

图 2-41 “书签”对话框

（3）定位书签。插入点置于文档末尾。单击“链接”组中的“书签”命令，在“书签”对话框的列表中选择“上机过程”书签，单击“定位”按钮，观察到插入点自动置于“1.1.3 C 程序的上机过程”后，即书签所在的位置。

项目 3.5：制作邀请函

【操作要求】

（1）在 Word 文档中输入以下内容（不包括外边框）。

请柬

尊敬的：

您好！为丰富学院的文化生活，学院将于 2018 年 10 月 21 日下午 15:00 在学院会议室举办以“激情飞扬在十月，创先争优展风采”为主题的演讲比赛。特邀您参加。

2018 年 10 月 6 日

院长：李科

（2）在“尊敬的”之后运用邮件合并功能制作内容相同、收件人不同（收件人为“评委.xlsx”中的每个人，采用导入方式）的多份邀请函，每页邀请函中只能包含一位领导，所有的邀请函页面另外保存在一个名为“邀请函.docx”文件中，并保存在自己的文件夹下。

【操作步骤】

（1）将 Excel 数据表“评委.xlsx”复制到自己的文件夹中。

（2）打开 Word，输入“邀请函”的文字内容。

（3）使用“邮件合并”制作邀请函。

功能区切换至“邮件”，在“开始邮件合并”组中单击“开始邮件合并”下拉按钮，在弹出的下拉列表中选择“邮件合并分步向导”，此时在文档窗口的右侧会出现“邮件合并”窗格，如图 2-42 所示。

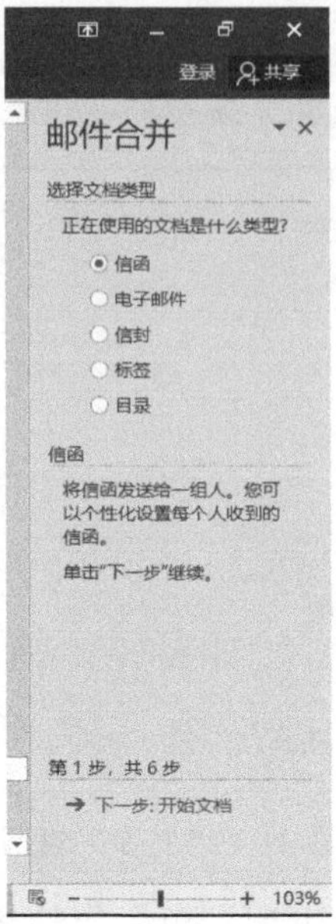

图 2-42 “邮件合并”窗格

在“选择文档类型”下选中“信函”单选按钮。

然后单击“下一步：开始文档”，“选择开始文档”为“使用当前文档”。

单击“下一步：选择收件人”，在“使用现有列表”中单击“浏览”按钮，打开“选取数据源”对话框，找到自己的文件夹，选择“评委.xlsx”，并打开。在随后出现的“选择表格”对话框、“邮件合并收件人”对话框中单击“确定”按钮。

单击“下一步：撰写信函”，按照提示需要在文档中插入“收件人”的位置（如“尊敬的”后面）单击，然后单击“其他项目”，弹出“插入合并域”对话框，如图 2-43 所示，默认选项不需修改，单击“插入”及“关闭”按钮，可以看到“尊敬的”后面出现“姓名”域。

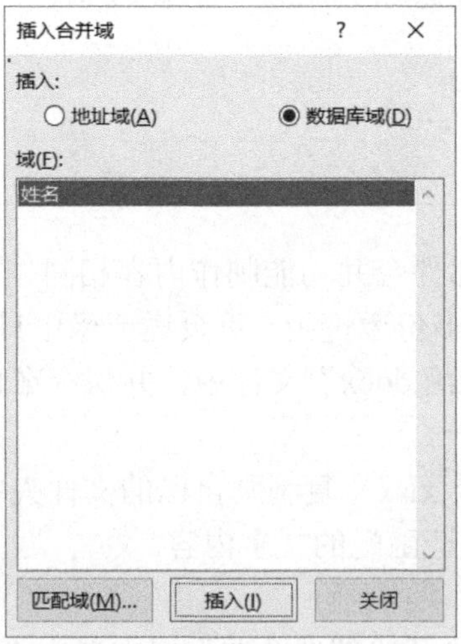

图 2-43 “插入合并域”对话框

单击“下一步：预览信函”，可以观察到第一个评委的名字出现在文档中的插入位置，单击窗格中“收件人”的切换按钮，可在文档中查看各个收件人的姓名。

单击“下一步：完成合并”，将文档保存为“邀请函.docx”，保存位置为自己的文件夹。

三、项目练习

（1）打开自己文件夹中的“水调歌头”文档，进行以下操作：

1）插入一幅图片，设置图片高度和宽度均缩放 50%，环绕方式为“衬于文字下方”，映像右透视，阴影向下偏移 10 磅。

2）在正文的右下角添加一个文本框，输入“诗词欣赏”四个字，要求横排、隶书、小三号字，且用绿色做底纹。

3）给文档添加一幅艺术字，内容为“文学宝库”，设置为 3 行 1 列样式艺术字，字体为隶书、小初号字体，居中对齐，上下型环绕。

（2）在 Word 中制作如图 2-44 所示的版面效果，并以“综合练习”文件名存放在自己的文件夹中。

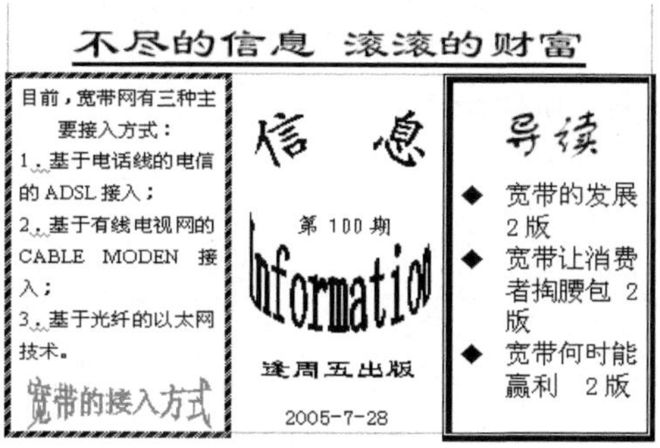

图 2-44 “综合练习”样本

（3）新建一个文档，输入以下数学公式：

$$\sqrt[3]{\frac{a^2+b}{c-d}}$$

$$\int_L (x^2+y)ds+\sum_{i=1}^{10}(a_i^3+b_i^2)$$

（4）新建 Word 文档，录入文字内容“行程：西栅－昭明书院－三寸金莲馆－乌镇大戏院－白莲塔寺”。然后将其修改为“交错流程”布局 SmartArt，颜色为“彩色－个性色”。

（5）Word 综合大作业

1）选题：

根据自己的喜好自拟一个感兴趣的题目，或从下列参考题目中任选其一，有创意地完成一篇 3～5 页的、有思想性和艺术性的 Word 文档。

主要参考题目：

- 产品说明。
- 产品广告。
- 某企业的宣传报道。

- 新闻。
- 个人简历。
- 自荐信。

2）要求：

- 将你所在的班级、学号和姓名写在页眉处。
- 在页脚中设置页码和总页数。
- 在文档中设置分栏、首字下沉、首行缩进。
- 插入一个与文档的中心思想相呼应的表格（自己进行边框和底纹的设置）、艺术字、图片（图片有各种版式、水印等效果）、文本框、自选图形。
- 设置段落格式：行距、段前和段后间距、项目符号和编号等。
- 设置字符格式：字体、字号、字形、字符边框和底纹、字符加下划线、字符位置、字符间距、字符缩放、字符效果、上标、下标、文字方向等。
- 设置页面边框。
- 进行页面设置：纸型为 A4 纸，上、下、左、右页面边距分别是 2 厘米、2.5 厘米、2 厘米、2 厘米。
- 保存文档的文件名为：班级学号姓名。

第 3 章　电子表格软件 Excel 2016 的应用

项目 1　Excel 的基本操作

一、学习目标

（1）掌握 Excel 电子表格的基本概念。

（2）熟练掌握工作簿和工作表的基本操作方法。

（3）熟练掌握各种类型数据及快速输入数据的方法。

（4）熟练掌握设置数据格式、单元格格式及应用样式美化数据表的方法。

（5）熟练掌握条件格式的应用。

二、项目内容及步骤

项目 1.1：新建工作簿和工作表

【操作要求】

（1）在工作簿下创建 4 个工作表，分别命名为“同学信息”“班费收支情况”“班级活动”“班级成绩”。

（2）在“同学信息”工作表中，输入表结构的数据表，并输入任意两名同学的信息。

（数据表结构为：学号、姓名、性别、身份证号、联系电话、籍贯）

（3）打开“学生名册”工作簿，将包含本班名单的工作表复制到“班级信息管理”工作簿。

【操作步骤】

（1）新建 Excel 工作簿。在“第一项”文件夹下右击，在快捷菜单中选择“新建”→“Microsoft Excel 工作表”命令，如图 3-1 所示。改写新创建工作簿的主文件名，将“新建 Microsoft Excel 工作表”修改为“班级信息管理”，扩展名.xlsx 不变，如图 3-2 所示。

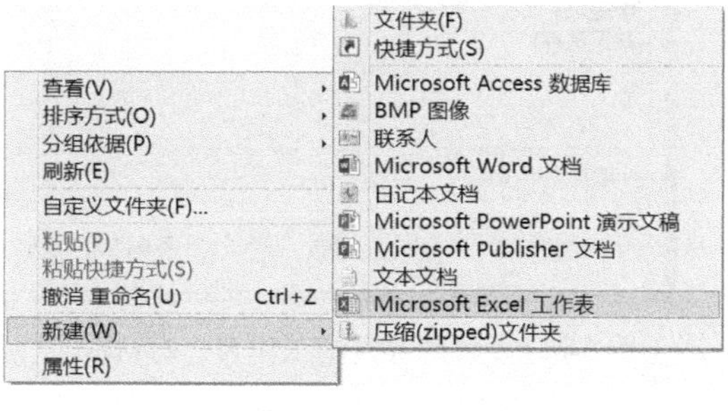

图 3-1　用右键快捷菜单新建工作簿

图 3-2　为新建的工作簿重命名

（2）新建工作表并重新命名。单击 Sheet1 工作表标签旁的加号即“新建工作表”按钮，新建 3 个工作表，如图 3-3 所示。双击工作表标签或在工作表标签上右击或在快捷菜单中选择“重命名”命令，分别将 4 个工作表重命名为“同学信息”“班费收支情况”“班级活动”和“班级成绩”。

图 3-3　工作表标签和新建工作表按钮

（3）录入数据。在“同学信息”工作表中，从 A1 单元格开始输入数据表的结构数据：学号、姓名、性别、身份证号、联系电话、籍贯。在下两行输入两位同学的信息，效果如图 3-4 所示。输入身份证号时要先在英文标点状态下输入单引号。

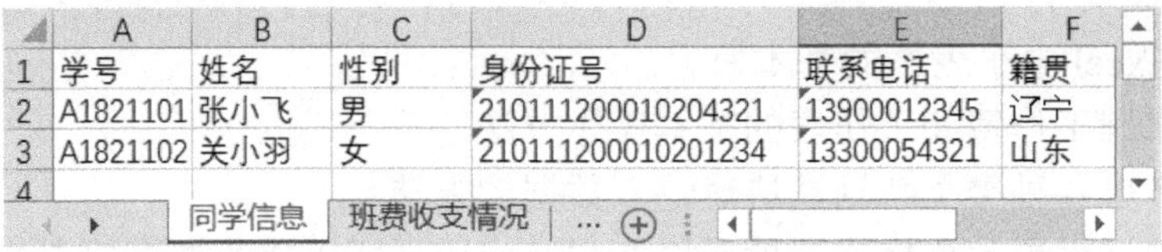

图 3-4　输入了数据的“同学信息”工作表

（4）打开工作簿。选择“文件”→“打开”→“浏览”命令，在弹出的“打开”对话框中，找到教师指定位置的文件夹，如在桌面上找“第一项”文件夹，打开该文件夹中的工作簿“学生名册.xlsx”。

（5）复制工作表。打开“学生名册”工作簿，找到自己班级名单的工作表，在工作表标签处右击，在如图 3-5 所示的快捷菜单中选择“移动或复制”命令，在弹出的如图 3-6 所示的对话框中选择工作簿为“班级信息管理.xlsx”，选择在“班费收支情况”工作表之前插入，选中“建立副本”前的复选框，单击“确定”按钮之后，便将工作表复制到“同学信息”工作表之后、“班费收支情况”工作表之前。

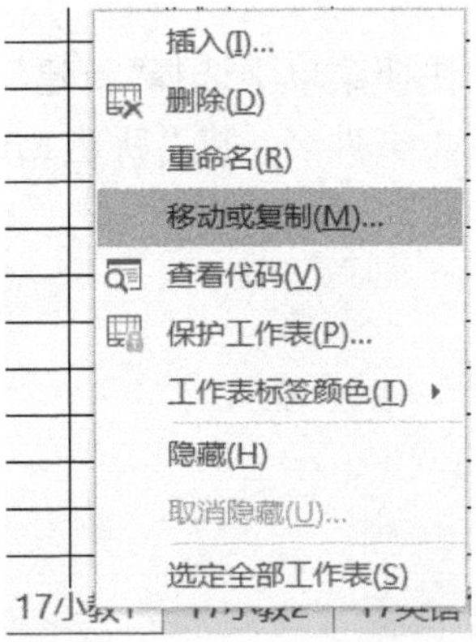

图 3-5 工作表标签右键菜单

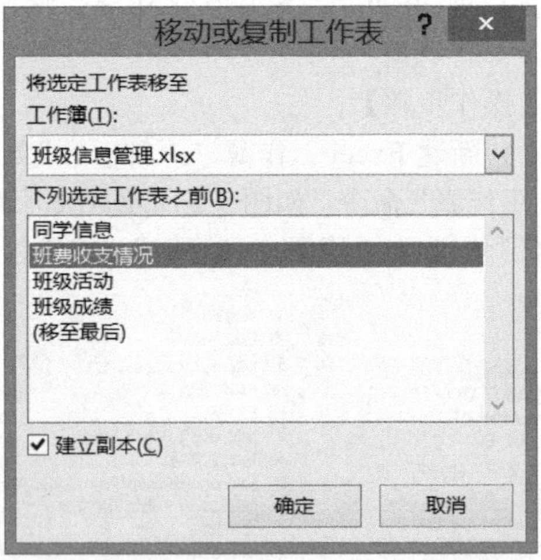

图 3-6　“移动或复制工作表”对话框

（6）保存工作簿。按 Ctrl+S 组合键或选择“文件”→“保存”命令，保存当前的“班级信息管理”工作簿。

项目 1.2：工作表中数据的基本操作

【操作要求】

打开“示例 2.xlsx”工作簿，在如图 3-7 所示的“值班名单”工作表中按如下要求进行操作，完成效果如图 3-8 所示。

	A	B	C	D
1	陈运坤	赵启洲	孙胜捷	宋子洪
2	邓泉水	赵世坤	王国富	田凤雨
3	杜林	赵庄	王洪涛	田玲
4	冯凌超	郑雄	王娜娜	汪涛
5	付爽	丁勇	王伟学	王春雷
6	何雅杰	高洋	王祯毅	王洪华
7	纪鹏宇	关辉	位亮	王建
8	郎方	关旭东	薛建丽	王世超
9	李贵钊	李萍萍	余博阳	王威
10	陆英萍	刘广东	苑晓宇	王洋
11	宁新生	刘江	詹峰	魏广银
12	庞乐	潘加征	赵国强	张浩
13	宋婉月	邵国涛	孟庆猛	王凡
14	苏英翱	宋阳	裘宏	王茜

值班名单

图 3-7 “值班名单”工作表中原始数据

	A	B	C	D	E	F	G	H
1	2019年10月值班表							
2	编号	值班日期	主值	副值	编号	值班日期	主值	副值
3	001	2019年10月1日	陈运坤	赵启洲	015	2019年10月15日 星期二	孙胜捷	宋子洪
4	002	2019年10月2日	邓泉水	赵世坤	016	2019年10月16日 星期三	王国富	田凤雨
15	013	2019年10月13日	宋婉月	邵国涛	027	2019年10月27日 星期日	孟庆猛	王凡
16	014	2019年10月14日	苏英翱	宋阳	028	2019年10月28日 星期一	裘宏	王茜

值班名单

图 3-8 完成操作后“值班名单”表中的数据

（1）插入行/列：分别在第一行前插入两个空行，在 A 列和 C 列数据前插入两个空列。

（2）填充序列：分别在 A 列和 E 列填充编号 001～028；在 B 列和 F 列填充日期 2019-10-1 到 2019-10-28。

（3）输入列标题：编号、值班日期、主值、副值……

（4）设置日期格式：设置 B 列每个值班日期的格式为长日期格式，如“2019 年 10 月 1 日”；设置 F 列每个值班日期属于星期几，例如日期为“2019/10/15”的单元格应显示为“2019 年 10 月 15 日 星期二”（注意：日期和星期之间有空格）。

（5）合并单元格：将 A1:H1 合并，输入数据表标题“2019 年 10 月值班表”。

【操作步骤】

（1）插入行/列：在行号 1 和 2 处拖拽鼠标，选中图 3-7 数据表中的前 2 行，右击，选择“插入”命令，在第 1 行数据前插入两个空行；在 C 列和 D 列的列标处拖拽鼠标选中这两列，右击，选择“插入”命令，在 C 列数据前插入两个空列；使用同样的方法在 A 列数据前插入两个空列。

（2）填充数据：在 A3 单元格输入单引号再输入 001，并按回车键，用鼠标指针按住 A3 单元格的填充柄向下拖拽至 A16 单元格，完成序列 001～014 的填充；在 B3 单元格中输入日期 2019-10-1，之后在 B3 单元格的填充柄处双击，向下填充。使用同样的方法在 E 列和 F 列填充数据。

（3）输入列标题：分别在 A2:D2 单元格中输入相应的列标题，选中 A2:D2 区域，按 Ctrl+C 组合键复制，选中 E2 单元格，按 Ctrl+V 组合键粘贴。

（4）设置日期型数据格式：选中 B3:B16 区域，功能区切换至“开始”，在“数字”组“日期”下拉列表中选择“长日期”，如图 3-9 所示；选中 F3:F16 区域，功能区切换至“开始”，单击“数字”组右下角对话框启动器按钮 ，弹出如图 3-10 所示的“设置单元格格式”对话框，在“分类”列表框中选择“自定义”，在“类型”列表框中选择“yyyy"年"m"月"d"日" aaaa”，单击“确定”按钮完成格式设置。

图 3-9　常用数据格式列表

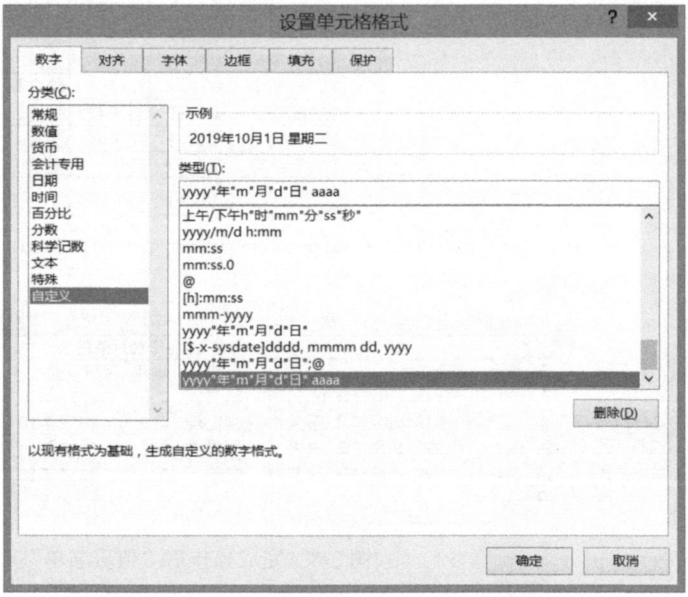

图 3-10　“设置单元格格式”对话框

（5）单元格合并居中：选中 A1:H1 区域，选择“开始”选项卡“对齐方式”组中“合并后居中”命令，在合并后的单元格 A1 中输入数据表标题“2019 年 10 月值班表”，之后保存工作簿。

项目 1.3：基本的格式化工作表

【操作要求】

打开“示例 3.xlsx”工作簿，对其中的“课程表”工作表按下面的要求进行格式化操作，完成效果如图 3-11 所示。

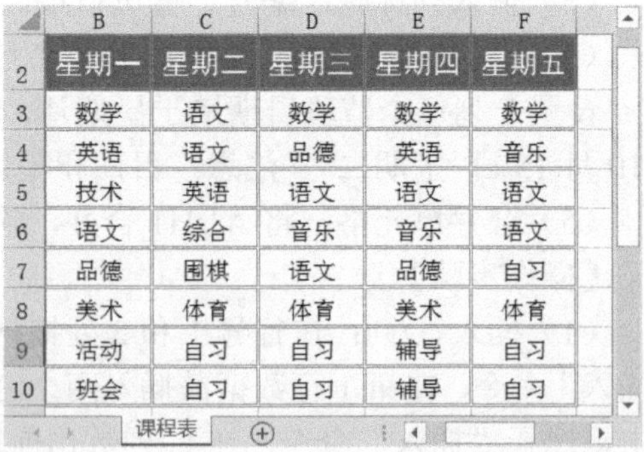

图 3-11　完成格式设置的“课程表”工作表

（1）对“一年级一班上学期课程表”单元格进行格式设置：行高为 20，单元格水平对齐方式为“居中”，字号为“16”，字体为“等线”，字形为加粗，设置背景填充图案样式“6.25%灰色”。

（2）设置第 2 行的行高为 28，单元格对齐方式为水平垂直都居中，将 A2:F2 区域设置填充色为“橙色，个性色 2，深色 25%”，字体为黑体，字号为 14，颜色为“白色，背景 1”，字形为加粗。

（3）设置第 3～10 行行高为 20，单元格水平对齐方式为“居中”，设置 A3:A10 区域字体为“等线”，字号为“12”，单元格的底纹颜色为“黄色”。

（4）为 A2:F10 区域设置浅蓝色双实线样式内外边框。

【操作步骤】

（1）设置行高：选中第 1～10 行，在行号处右击，在快捷菜单中选择“行高”命令，在弹出的“行高”对话框中输入数值 20，单击“确定”按钮完成操作。用同样的方法将第 2 行的行高设置为 28。

（2）设置单元格对齐方式：选中 A1:F10 区域，功能区切换至“开始”，单击“对齐方式”组“水平居中”按钮；用同样的方法，选中 A2:F2 区域，选择对齐方式为水平垂直居中。

（3）设置字体颜色和底纹：选中 A1 单元格，功能区切换至“开始”，单击“字体”组右下角的对话框启动器按钮，弹出“设置单元格格式”对话框，如图 3-12 所示，选择“填充”选项卡下“图案样式”列表中的“6.25%灰色”；选中 A2:F2 区域，功能区切换至“开始”，单击“字体”组中的填充按钮，在颜色列表中选择“橙色，个性色 2，深色 25%”。其他位置的填充操作略。

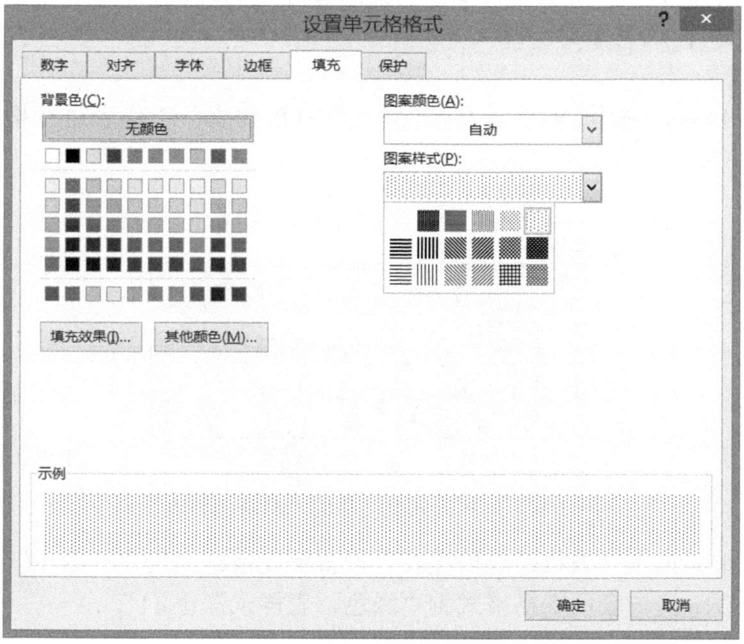

图 3-12 “填充”选项卡

（4）设置边框：选中 A2:F10 区域，功能区切换至“开始”，单击“字体”组的“边框”下拉列表，先选择最后一项“其他边框”，打开如图 3-13 所示的“设置单元格格式”对话框，选择颜色为浅蓝色，线条为双实线，单击“预置”区的外边框和内部按钮，单击“确定”按钮完成边框设置。

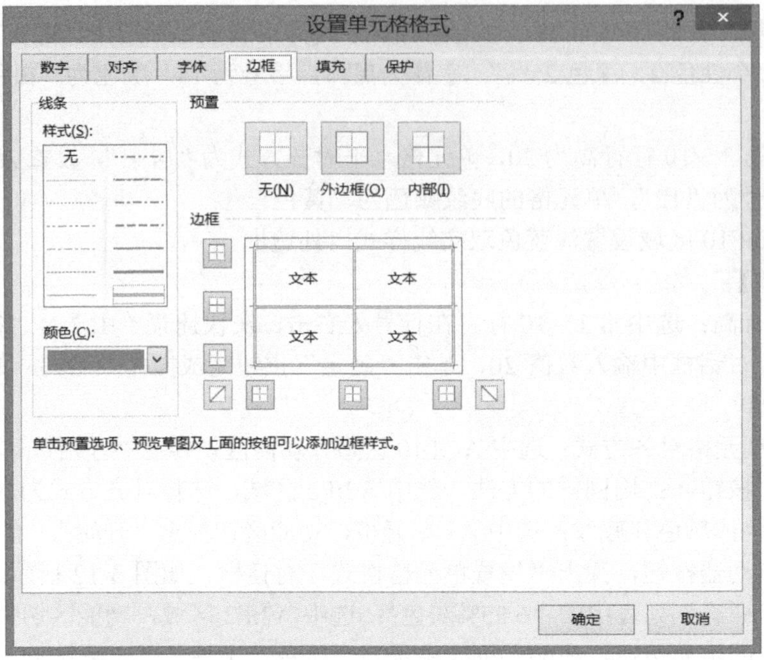

图 3-13 “边框”选项卡

（5）字体、字形、字号等设置方法略。完成后保存工作簿。

项目 1.4：应用样式美化工作表

【操作要求】

打开“示例 4.xlsx”工作簿，应用样式对“教材销售表”工作表进行格式化，完成效果如图 3-14 所示。

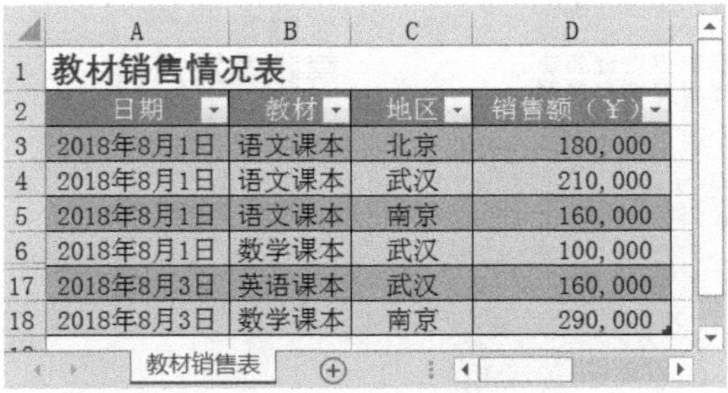

图 3-14 应用样式美化后的“教材销售表”

（1）为 A1 单元格中“教材销售情况表”设置单元格样式为“标题 1”。

（2）为 A2:D18 区域套用表格格式为“绿色，表样式深色 11”。

【操作步骤】

（1）设置单元格样式：选中合并后的 A1 单元格，在“单元格样式”下拉列表中选择 “标题 1”。

（2）套用表格格式：选中 A2:D18 区域，功能区切换至“开始”，单击“样式”组中“套用表格格式”下拉列表中选择“深色”分组中的“绿色，表样式深色 11”。

（3）完成后保存工作簿。

项目 1.5：条件格式设置

【操作要求】

打开“示例 5.xlsx”工作簿，在工作表“期末成绩表”中，按如下要求设置条件格式，完成效果如图 3-15 所示。

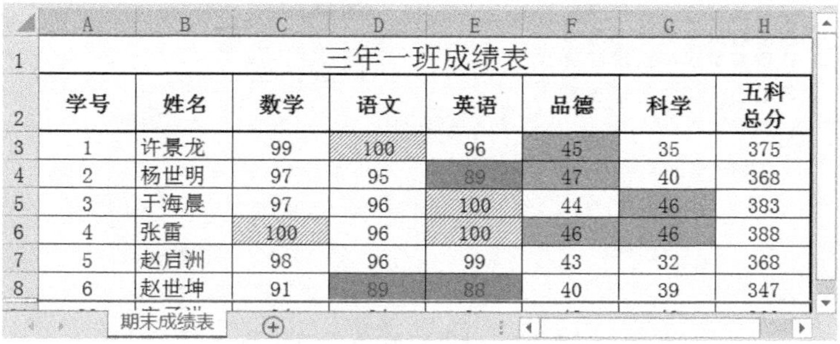

	A	B	C	D	E	F	G	H
1	三年一班成绩表							
2	学号	姓名	数学	语文	英语	品德	科学	五科总分
3	1	许景龙	99	100	96	45	35	375
4	2	杨世明	97	95	89	47	40	368
5	3	于海晨	97	96	100	44	46	383
6	4	张雷	100	96	100	46	46	388
7	5	赵启洲	98	96	99	43	32	368
8	6	赵世坤	91	89	88	40	39	347

图 3-15　设置了条件格式的“期末成绩表”工作表

（1）将语文、数学、英语 3 科中 100 分的单元格加上红色细对角线条纹图案，成绩低于 90 分的成绩所在的单元格以浅蓝色填充。

（2）将品德和科学两科中成绩不低于 45 分的单元格设置为浅绿色填充。

【操作步骤】

（1）选中 C3:C21 区域，在如图 3-16 所示的“开始”功能区中“样式”组“条件格式”下拉列表中选择“突出显示单元格规则”子菜单中的“等于”命令；在弹出的“等于”对话框的文本框中输入 100，在“设置为”下拉列表中选择“自定义格式”选项，打开如图 3-17 所示的“设置单元格格式”对话框；在对话框的“填充”选项卡中选择图案颜色为红色，图案样式为“细对角线条纹”。用类似的方法设置 C3:C21 区域中成绩低于 90 分的突出显示单元格规则设置为“小于 90 分，以浅蓝色填充”。

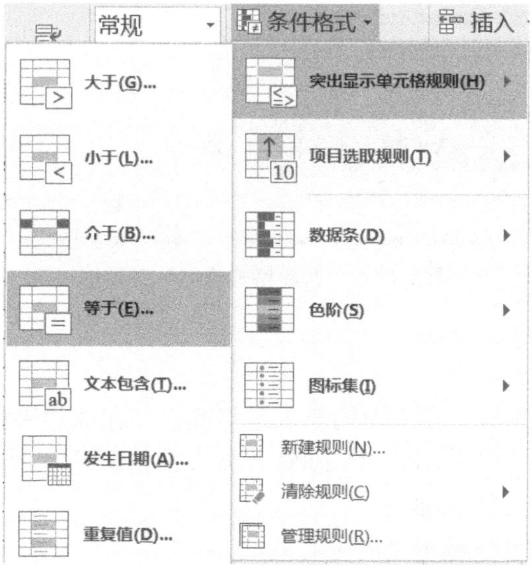

图 3-16　“条件格式”下拉列表中“突出显示单元格规则”

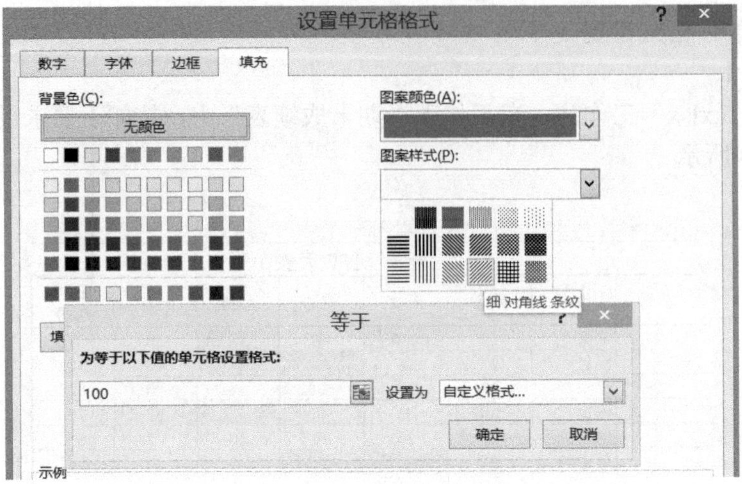

图 3-17 设置以红色条纹填充

（2）选中 F3:G21 区域，功能区切换至“开始”，在“样式”组“条件格式”下拉列表中单击“突出显示单元格规则”子菜单中的“其他规则”命令，打开如图 3-18 所示的“新建格式规则”对话框；在该对话框中设置单元格值大于或等于 45，单击“格式”按钮，在弹出的“设置单元格格式”对话框的“填充”选项卡中选择浅绿色，单击两次“确定”按钮完成操作。

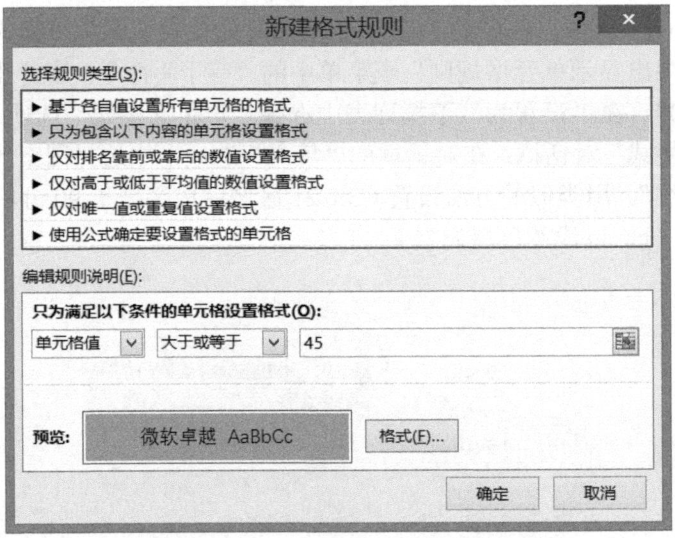

图 3-18 “新建格式规则”对话框

三、项目练习

打开“练习.xlsx”工作簿，按下面的要求进行操作，完成效果如图 3-19 所示。

（1）将 A1 单元格中的“2018ABC-2000 各城市销售情况”，设置为红色、等线、加粗、12 号字，将 A1:C1 单元格合并后居中。

（2）设置 C3:C12 数据区域水平居中对齐。

（3）设置 D3:D12 数据区域用货币形式显示人民币符号，并保留 3 位小数。

（4）使用条件格式，对“销售数量（台）”列 C3:C12 区域设置渐变填充一绿色数据条。
（5）为 A2:C12 数据区域添加最细实线样式内外边框。

	A	B	C	D
1	2018年ABC-2000各城市销售情况			
2	排名	城市	销售数量（台）	销售额（亿元）
3	1	福州	8825	¥44.125
4	2	武汉	8717	¥43.585
5	3	贵阳	8141	¥40.705
6	4	南昌	7267	¥36.335
7	5	青岛	7178	¥35.890
8	6	长沙	7122	¥35.610
9	7	无锡	6737	¥33.685
10	8	合肥	6724	¥33.620
11	9	昆明	6620	¥33.100
12	10	郑州	6487	¥32.435

ABC设备销售情况

图 3-19　练习完成效果示例

项目 2　公式与函数的应用

一、学习目标

（1）熟练掌握使用公式进行计算的方法。
（2）熟练应用 Excel 各种的常用函数。

二、项目内容及步骤

项目 2.1：在单元格中使用公式

【操作要求】

在如图 3-20 所示“CBA 积分榜”工作表中，使用公式计算胜场数、败场数和胜率。其中公式的计算方法如下：

胜场=主场胜数+客场胜数；

败场数=总场数–胜场；

胜率=胜场/总场数。

	A	B	C	D	E	F	G	H
2		球队	总场数	胜场		战绩		胜率
3				主场	客场	胜场	败场	
4	1	广厦	38	16	15	=D4+E4		
5	2	辽宁	38	16	13			
6	3	广东	38	16	12			
22	19	四川	38	7	1			
23	20	八一	38	3	0			

CBA积分榜

图 3-20　“CBA 积分榜”工作表

【操作步骤】

（1）打开工作簿“示例 1.xlsx”，并将“CBA 积分榜”工作表选中为当前工作表。

（2）计算胜场数：选中 F4 单元格，输入公式“=D4+E4”，输入公式时先输入等号，之后单击 D4 单元格进行引用，再手工输入运算符“+”，单击引用 E4 单元格，最后按回车键确认输入并显示公式结果。

（3）向下复制公式：再次单击选中 F4 单元格，双击单元格右下角的填充柄，向下复制公式；或者按住填充柄向下拖拽至 F23 单元格。

（4）计算败场数：选中 G4 单元格，输入公式“= C4–F4”，输入公式后单击编辑栏上的确认按钮“✓”确认输入并显示结果，双击 G4 单元格的填充柄向下复制公式至 G23 单元格，完成此列操作。

（5）计算胜率：选中 H4 单元格，输入公式“=F4/C4”，输入公式后单击编辑栏上的确认按钮“✓”确认输入并显示结果，向下复制公式至 H23 单元格，完成此列操作。

项目 2.2：单元格绝对引用的应用

【操作要求】

在如图 3-21 所示的“杂志订阅表”工作表中，计算各班级不同杂志的订阅金额。计算方法如下：

金额=订阅册数×单价

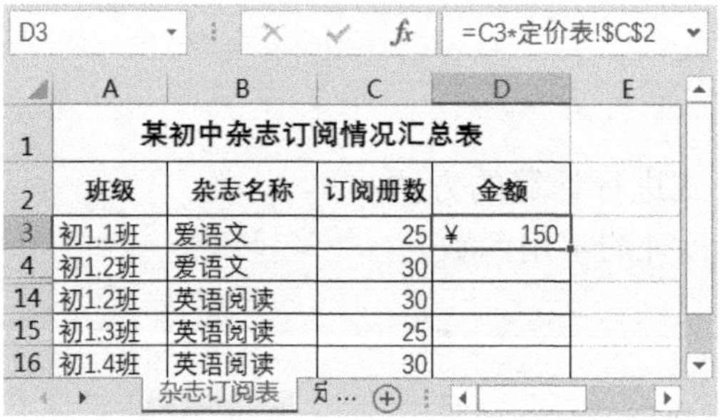

	A	B	C	D
1	某初中杂志订阅情况汇总表			
2	班级	杂志名称	订阅册数	金额
3	初1.1班	爱语文	25	¥ 150
4	初1.2班	爱语文	30	
14	初1.2班	英语阅读	30	
15	初1.3班	英语阅读	25	
16	初1.4班	英语阅读	30	

图 3-21 “杂志订阅表”工作表

【操作步骤】

（1）打开工作簿“示例 2.xlsx”，其中包含“杂志订阅表”工作表和如图 3-22 所示的“定价表”工作表。

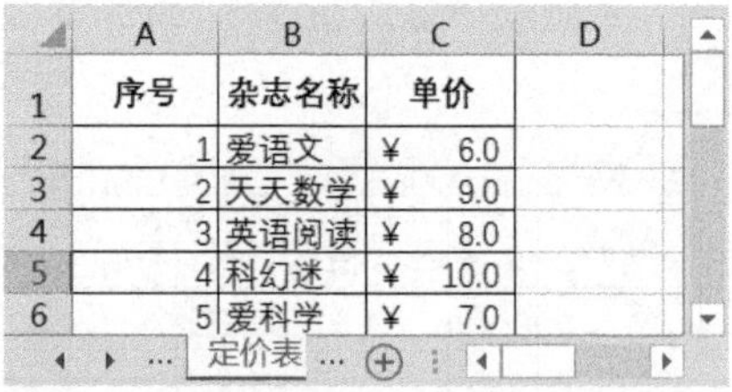

	A	B	C
1	序号	杂志名称	单价
2	1	爱语文	¥ 6.0
3	2	天天数学	¥ 9.0
4	3	英语阅读	¥ 8.0
5	4	科幻迷	¥ 10.0
6	5	爱科学	¥ 7.0

图 3-22 “定价表”工作表

（2）在“杂志订阅表”工作表标签处单击，将其选为当前工作表。

（3）计算金额：将光标定位在 D3 单元格，输入公式“=C3*定价表!$C$2”，先输入等于号“=”，单击 C3 单元格，将其引用到公式中，在键盘上输入操作符“*”，单击“定价表”标签，在“定价表”中单击 C2 单元格，将其引用到公式中。

（4）转换单元格引用方式：在编辑栏选中公式中的相对引用地址“C2”，按 F4 键将其转换为绝对地址“$C$2”。之后单击编号栏的对话按钮，确认输入并显示公式结果。

（5）复制公式：按住 D3 单元格右下角的填充柄向下拖拽复制公式到 D7 单元格。

（6）使用同样的方法计算“天天数学”和“英语阅读”杂志的“金额”。

项目 2.3：常用数字函数的应用

【操作要求】

在如图 3-23 所示的“成绩表”工作表中分别使用求和函数（SUM）、平均值函数（AVERAGE）计算每位同学的总分、平均分，使用最大值（MAX）和最小值（MIN）函数计算班级单科最高分和最低分，并使用计数函数（COUNT）计算考试人数。

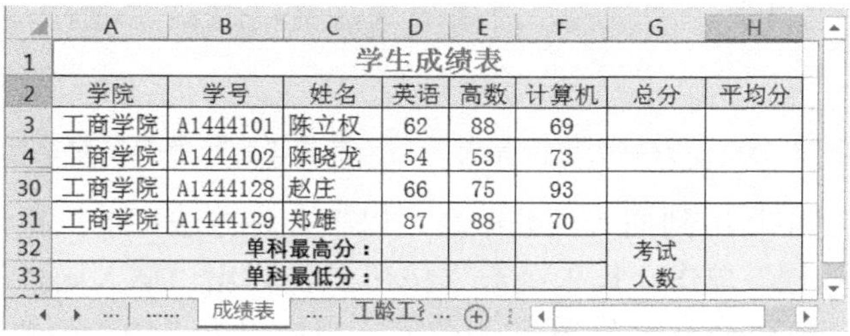

	A	B	C	D	E	F	G	H
1	学生成绩表							
2	学院	学号	姓名	英语	高数	计算机	总分	平均分
3	工商学院	A1444101	陈立权	62	88	69		
4	工商学院	A1444102	陈晓龙	54	53	73		
30	工商学院	A1444128	赵庄	66	75	93		
31	工商学院	A1444129	郑雄	87	88	70		
32	单科最高分：						考试人数	
33	单科最低分：							

图 3-23　“成绩表”工作表

要点提示：本例将使用如图 3-24 所示“∑自动求和”下拉列表中的 5 个常用函数。

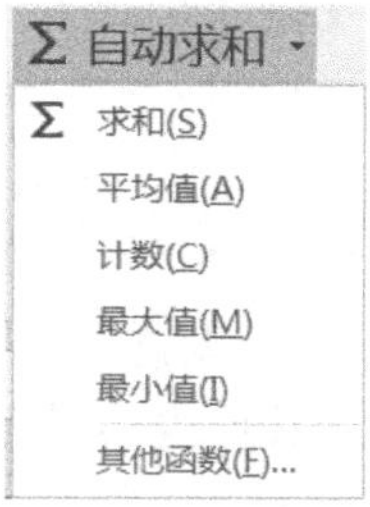

图 3-24　常用函数列表

使用“自动求和”下拉列表中的函数的操作方法如下：

方法 1：功能区切换至“开始”，在“编辑”组中单击“自动求和”下拉按钮Σ ▾，打开下拉列表进行选择。

方法 2：功能区切换至“公式”，在“函数库”组中单击“自动求和”下拉按钮Σ 自动求和 ▾，打开下拉列表选择函数。

【操作步骤】

（1）打开工作簿“示例 3.xlsx”，选择“成绩表”为当前工作表。

（2）计算总分：选中存放总分的区域 G3:G31，单击自动求和函数按钮，完成操作。

（3）计算平均分：因为存放平均分结果的列与操作数各科成绩不相邻，因此操作方法可以先计算一名同学的平均分。例如选中陈立权的各科成绩区域 D3:F3，单击自动求和列表中的“平均值”函数，计算结果出现在 H3 单元格中。选中 H3 单元格，双击填充柄向下复制公式。

（4）计算单科最高分：选中数据区域 D3:D31，单击执行“自动求和”下拉列表中的“最大值”函数，计算结果出现在 D32 单元格中，选中 D32 单元格，向右拖拽填充柄，复制公式到 F32 单元格。

（5）计算单科最低分：操作方法与计算单科最高分类似，选中数据区域 D3:D31，单击执行“自动求和”下拉列表中的“最小值”函数，计算结果出现在 D33 单元格中，选中 D33 单元格，向右拖拽填充柄，复制公式到 F33 单元格。

（6）计算考试人数：选中 H32 单元格，单击执行“自动求和”下拉列表中的“计数”函数，出现公式“=COUNT(H3:H31)”，确认操作数区域，如果修改操作数区域，只需在数据区域用鼠标重新选择即可，如重新选择操作数区域为 E3:E31，按回车键确认输入并显示结果。

项目 2.4：逻辑判断函数 IF 的应用

【操作要求】

在如图 3-25 所示的“教材销售情况表”中，根据销售额判断销售情况，销售额大于或等于 20000 元的销售情况为“良好”，销售额低于 20000 的销售情况为“一般”。

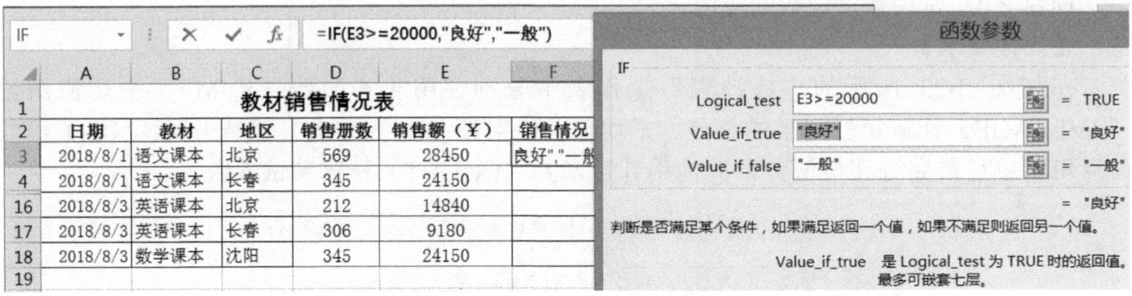

图 3-25 “教材销售情况表”工作表和“函数参数”对话框

要点提示：该案例中将用到插入函数命令，以下几种方法可以执行该命令。

方法 1：在“编辑栏”单击“插入函数”按钮 *fx*，弹出“插入函数”对话框。

方法 2：功能区切换至“公式”，在“函数库”组中单击“插入函数”按钮 *fx*，弹出“插入函数”对话框。

【操作步骤】

（1）打开“示例 4.xlsx”工作簿，选择“教材销售情况表”为当前工作表。

（2）插入函数：选择存放结果的单元格 F3，在编辑栏单击“插入函数”按钮，弹出“插入函数”对话框，选择 IF 函数，单击“确定”按钮后弹出“函数参数”对话框。

（3）设置参数：设置 Logical_test 参数值为 E3>=20000，其中使用鼠标选择完成单元格的引用，其他内容通过键盘输入；设置 Value_if_true 的参数值为“良好”；设置 Value_if_false 的参数值为“一般”。

（4）完成参数设置后，单击“函数参数”对话框中的“确定”按钮，完成函数输入并显示函数结果。

（5）向下复制公式：选中 F3 单元格，双击右下角的填充柄向下复制公式。

项目 2.5：函数的综合应用（一）

【操作要求】

在如图 3-26 所示的“英语成绩表”工作表中完成如下操作：

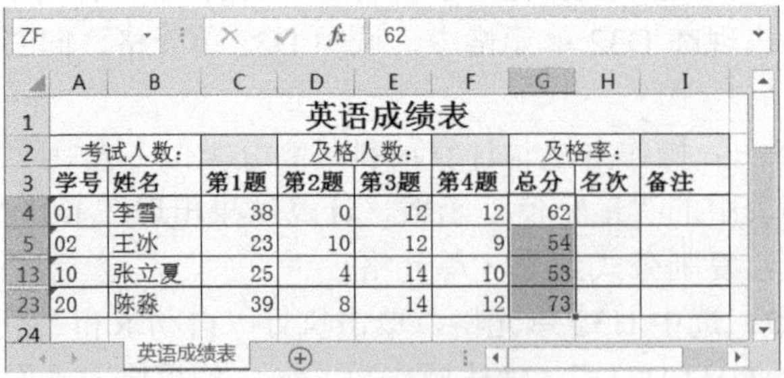

图 3-26 “英语成绩表”工作表

（1）将 G4:G23 区域命名为 ZF。

（2）分别使用 COUNT 和 COUNTIF 函数计算考试人数和及格人数，使用公式计算及格率。

（3）使用 RANK 函数计算名次。

（4）使用 IF 函数将总分小于 60 的在“备注”列标注为“不及格”，总分在 60 分以上的在“备注”列空白。

【操作步骤】

（1）打开工作簿“示例 5.xlsx”，选择“英语成绩表”为当前工作表。

（2）定义区域名称：选中总分数据所在的区域 G4:G23，在名称框中输入区域名称 ZF，按回车键完成定义。

（3）计算考试人数：在 C2 单元格输入公式“=COUNT(ZF)”，按回车键完成确认并显示结果。

（4）计算及格人数：在 F2 单元格输入公式“=COUNTIF(ZF,">=60")”，按回车键完成确认并显示结果。在“函数参数”对话框中输入 COUNTIF 函数的第二个参数时无需加双引号，直接输入>=60；如果手工输入公式则要输入双引号。

（5）计算及格率：在 I2 单元格输入公式“=F2/C2”，并用百分比格式显示。

（6）计算名次：选中 H4 单元格，使用“插入函数”命令找到并打开 RANK 函数的参数对话框，如图 3-27 所示，设置参数 Number 为 G4，参数 Ref 为 ZF，即总分数据区域，参数 Order 可省略，表示降序排列。单击“确定”按钮完成输入，并显示结果。双击 H4 单元格的填充柄向下复制公式。

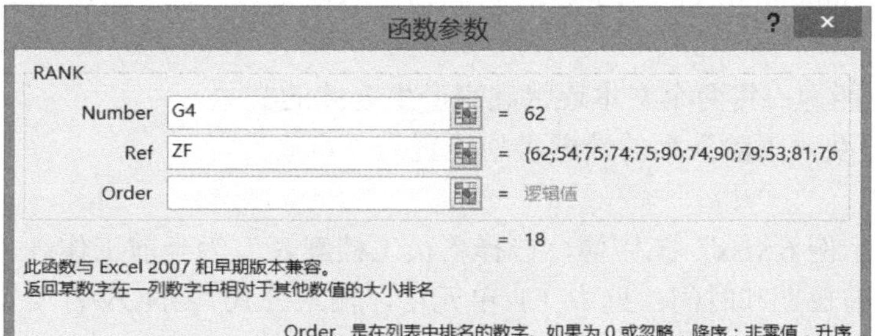

图 3-27　RANK 函数的“函数参数”对话框

（7）使用 IF 函数填写备注：在 I4 单元格中输入公式“=IF(G4<60,"不及格","")”，注意 IF 函数的第三个参数为空字符，即双引号中间什么都没有。向下复制公式完成操作。

项目 2.6：函数综合应用（二）

【操作要求】

在如图 3-28 所示的“员工档案表”中完成如下操作：

（1）在 L1 单元格中输入当前日期和时间为填表日期。

（2）根据身份证号，请在“出生日期”列中，使用 MID 函数提取员工出生日期，格式为

“×年×月×日”。

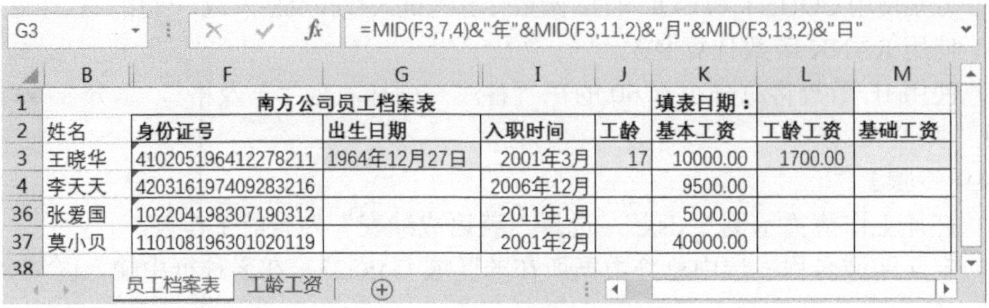

图 3-28 “员工档案表”工作表

（3）根据入职时间，在“工龄”列中，使用 TODAY 函数和 YEAR 函数计算员工的工龄，工作满一年才计入工龄。

（4）引用“工龄工资”工作表中的数据来计算“员工档案表”工作表中员工的工龄工资，工龄工资=工龄×工龄工资表中的每年增加的工龄工资。

（5）在“基础工资”列中，计算每个人的基础工资，基础工资=基本工资+工龄工资。

要点提示：

NOW()函数的功能为：返回系统的当前日期和时间。

TODAY()函数的功能为：返回系统的当前日期。

YEAR()函数的功能为：返回对应于某个日期的年份。

MID(text,start_num,num_chars)函数的功能为：返回文本字符串中从指定位置开始的特定数目的字符。

连字符&的功能为：将两个文本连接起来产生连续的文本。

“出生日期”及“工龄”列的数据类型设置为“常规”。

【操作步骤】

（1）打开“示例 6.xlsx”工作簿，选择“员工档案表”为当前工作表。

（2）输入当前日期和时间：选中 L1 单元格，输入公式“=NOW()”，之后按回车键确认并显示结果。

（3）计算出生日期：选择存放结果的单元格 G3，在编辑栏输入公式“=MID(F3,7,4)&"年"&MID(F3,11,2)&"月"&MID(F3,13,2)&"日"”。输入公式时注意公式中的文本常量要加双引号，如"年""月""日"，但公式中所有的符号都要使用英文符号。输入完成后单击编辑栏上的确认按钮✓。双击 G3 单元格的填充柄向下填充。

（4）计算工龄：选中 J3 单元格，输入公式“=YEAR(TODAY())-YEAR(I3)”，单击编辑栏上的确认按钮✓显示结果，并使用填充柄或按 Ctrl+D 组合键向下填充。公式的含义为使用 YEAR()函数取出当前日期的年份数值和出生日期中的年份数值，两者相减即为工龄。

（5）计算工龄工资：选中 L3 单元格，输入公式“=J3*工龄工资!$B$3”，其中引用单元格 B3 时，使用鼠标选择，在编辑栏选中 B3，按 F4 键将其转换为绝对引用。输入完成单击编辑栏上的确认按钮✓。拖拽或双击填充柄向下填充。注意“工龄”列如果以日期格式显示工龄数值，则需将其数据类型设置为“常规”。

（6）计算基础工资：选中 M3 单元格，输入公式“=K3+L3”，输入完成后单击编辑栏上的确认按钮✓，双击 M3 单元格的填充柄向下填充。

三、项目练习

以下练习中使用到的工作表在“练习.xlsx”工作簿中。

（1）在如图 3-29 所示的“销售情况”工作表中使用公式计算销售利润和销售额。

	A	B	C	D	E	F	G
1	计算公式：销售额=零售价×销售数量						
2	销售利润=（零售价—出厂价）×销售数量						
3							
4	产品编号	产品名称	出厂价	零售价	销售数量	销售额	销售利润
5	S22305	内存条	210	240	60		
9	S20635	硬盘	550	590	45		
10	S20665	内存条	230	270	55		

销售情况 | 1人口统计 | 2销售 ...

图 3-29　“销售情况”工作表

1）在“销售情况”工作表中“产品编号”列左侧插入一列“序号”，输入各记录序号值：001、002、003、004、005、006。

2）在“销售情况”工作表中用公式计算销售利润和销售额（公式在工作表的首行）。

（2）在如图 3-30 所示的“人口统计”工作表中使用公式和自动求和进行计算。

	A	B	C	D	E
1	亚洲各国人口情况				
2	国家或地区	首都	面积（平方千米）	人口（万人）	占总人口比例
3	中华人民共和国	北京	9600000	127610	
4	印度	新德里	2974700	96020	
24	文莱	斯里巴加湾	5765	30.7	
25	马尔代夫	马累	298	27.3	
26	合计				

人口统计 | 招聘考试成绩 | 备忘 ...

图 3-30　“人口统计”工作表

要求：

1）在“人口统计”工作表的 C26:D26 单元格中，利用函数分别计算表中各国面积总和及人口总和。

2）在“人口统计”工作表的 E2 单元格中输入“占总人口比例”，在 E3:E25 各单元格中利用公式分别计算各国人口占总人口的比例。要求使用绝对地址引用总人口，结果以百分比格式表示，保留 2 位小数。

（3）在如图 3-31 所示的“销售业绩”工作表中，完成以下操作。

1）在 Sheet1 工作表中，采用自动填充方式输入销售员编号：001，002，…，010。

2）设置表格的标题，A1:D1 区域合并后居中，将该行的行高设置为 30。

3）在 Sheet1 工作表中，利用公式或函数计算销量合计及销售额（销售额=销量×20）。

4）计算销量合计，结果填入 C13 单元格中。

	A	B	C	D
1	销售业绩记录			
2	销售员编号	销售员姓名	销量	销售额
3		陈泺清	525	
4		何明远	412	
12		付毅丰	624	
13	销量合计			

人口统计 | 销售业绩 | Sheet ...

图 3-31 “销售业绩”工作表

（4）使用“体育成绩”和“成绩统计”工作表完成如图 3-32 和图 3-33 所示效果，具体要求如下。

	A	B	C	D	E	F	G
1	体育考试成绩统计						
2	学号	姓名	田径	武术	足球	总成绩	评估
3	02010001	李白	85	88	71		
4	02010002	刘静	82	71	83		
18	02010016	张子善	81	85	91		
19	02010017	李小杉	59	73	90		
20							
21							

体育成绩 | 成绩统计 | Sheet ...

图 3-32 “体育成绩”工作表的完成效果

	A	B	C	D	E	F	G
1	体育考试成绩统计						
2	学号	姓名	田径	武术	足球	总成绩	评估
3	02010009	邱谦	94	97	98	289	优秀
4	02010011	朱仁珊	94	96	88	278	优秀
18	02010010	赵雅丽	62	68	76	206	一般
19	02010005	黄丽虹	68	64	71	203	一般
20	大于85分的人数		5	4	7		

体育成绩 | 成绩统计 | Sheet ...

图 3-33 “成绩统计”工作表的完成效果

1）在“体育成绩”工作表中删除第 1 列，在 A1 单元格中输入标题“体育考试成绩统计”，并将标题设置为等线、16 号、红色、加粗，并在 A1:G1 范围内合并后居中。

2）在“体育成绩”工作表中的第 1 列从 A3 单元格开始输入学号 02010001 直到 02010017。

3）将“体育成绩”工作表复制到当前工作簿“体育成绩”工作表后面，并重命名为“成绩统计”。

4）在“成绩统计”工作表的 F 列用公式计算各位学生的总成绩（总成绩=田径+武术+足球），结果为数值型整数。

5）在“成绩统计”工作表中合并 A20 和 B20 单元格，输入“大于 85 分的人数”，在 C20:E20 单元格区域用 COUNTIF 函数求出田径、武术和足球成绩大于 85 分的人数。

6）在“成绩统计”工作表的 G 列用 IF 函数标注评估等级，标准为“田径”“武术”和“足球”3 项的平均值大于等于 80 分时标注“优秀”，否则为“一般”。

（5）在如图 3-34 所示的“订单明细表”工作表中引用如图 3-35 所示“编号对照”工作表中的数据填充并计算。

	B	C	D	E	F	G	H
1	销售订单明细表						
2	日期	书店名称	图书编号	图书名称	单价	销量（本）	小计
3	2011年1月2日	鼎盛书店	BK-83021			12	
4	2011年1月4日	博达书店	BK-83033			5	
29	2011年1月26日	鼎盛书店	BK-83022			29	
30	2011年1月29日	鼎盛书店	BK-83023			45	

图 3-34 “订单明细表”工作表

1）对“订单明细表”工作表进行格式调整，通过套用表格格式方法将所有的销售记录调整为“表样式浅色 10”，并将“单价”列和“小计”列所包含的单元格调整为“会计专用”格式，无货币符号。

2）根据图书编号，在“订单明细表”工作表的“图书名称”列中，使用 VLOOKUP 函数完成图书名称的自动填充。“图书名称”和“图书编号”的对应关系在“编号对照”工作表中。

	A	B	C
1	图书编号对照表		
2	图书编号	图书名称	定价
3	BK-83021	《计算机基础及MS Office应用》	36
4	BK-83022	《计算机基础及Photoshop应用》	34
5	BK-83023	《C语言程序设计》	42
15	BK-83033	《嵌入式系统开发技术》	44
19	BK-83037	《软件工程》	43

图 3-35 “编号对照”工作表

3）根据图书编号，在“订单明细表”工作表的“单价”列中，使用 VLOOKUP 函数完成图书单价的自动填充。“单价”和“图书编号”的对应关系在“编号对照”工作表中。

4）在“订单明细表”工作表的“小计”列中，计算每笔订单的销售额。

【提示】VLOOKUP 函数的格式及功能如下：

格式：VLOOKUP (lookup_value,table_array,col_index_num,[range_lookup])

功能：用于在数据表的第 1 列中查找指定的值，然后返回当前行中的其他列的值。

例如本题第 2）题使用的公式为：=VLOOKUP([@图书编号],编号对照!$A$3:$B$19,2,FALSE)；第 3）题使用的公式为：=VLOOKUP([@图书名称]，编号对照!$B$3:$C$19,2,FALSE)。

项目 3　数据管理与分析

一、学习目标

（1）熟练掌握根据数据表制作各种图表的方法。

（2）掌握排序、筛选、分类汇总、数据透视表的操作步骤及应用。

二、项目内容及步骤

项目 3.1：制作图表

【操作要求】

创建一张三维饼图，比较图 3-36 数据表中 4 个店铺的 4 个季度销售额合计占该手机总销售额的百分比，图表标题为“各店铺销售额比较”，显示店铺名和百分比，设置图表样式为“样式 10”。

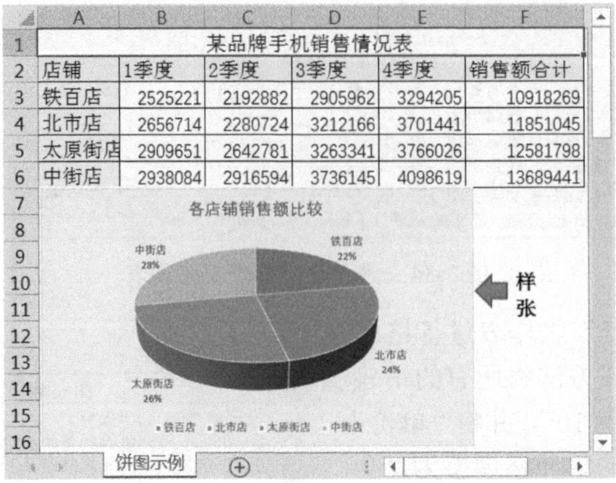

图 3-36 “饼图示例”工作表及图表样张

【操作步骤】

（1）打开“示例 1.xlsx”工作簿，选择“饼图示例”工作表为当前工作表。

（2）选择图表所用数据区域：按住鼠标左键选择 A3:A6 区域，之后按住 Ctrl 键的同时按住鼠标左键选择 F3:F6 区域。

（3）插入图表：功能区切换至“插入”，单击“图表”组“饼图”右边的下拉按钮，在下拉列表中单击“三维饼图”选项。

（4）修改图表标题：单击选中图表标题，将原标题中文字“图表标题”改写为“各店铺销售额比较”。

（5）添加数据标签：选中图表，在“图表工具—设计”选项卡的“图表布局”组，单击“添加图表元素”，在弹出的如图 3-37 所示的下拉列表中选择“数据标签”→“数据标签外”选项。

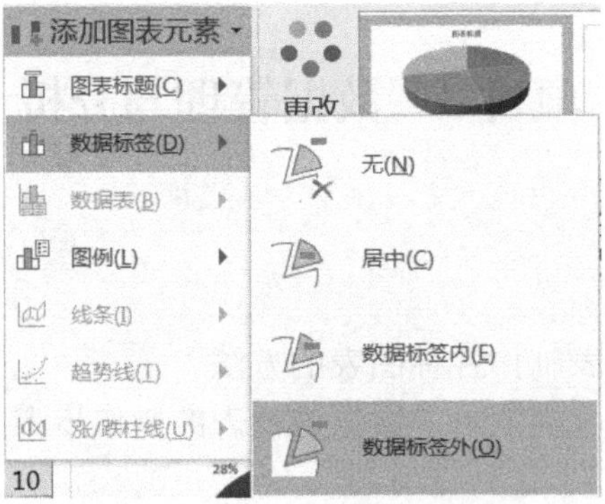

图 3-37 “添加图表元素”列表

（6）设置数据标签格式：在饼图系列上右击，出现如图 3-38 所示的快捷菜单，单击“设置数据标签格式”命令，将弹出如图 3-39 所示的“设置数据标签格式”任务窗格。在“标签选项”列表中，选择标签包括：“类别名称、百分比”复选框，不包括“值”。

（7）设置图表样式：单击选中图表，在“图表工具—设计”选项卡的“图表样式”组，单击样式列表右下角的“其他”按钮，在如图 3-40 所示的样式列表中选择“样式 10”。

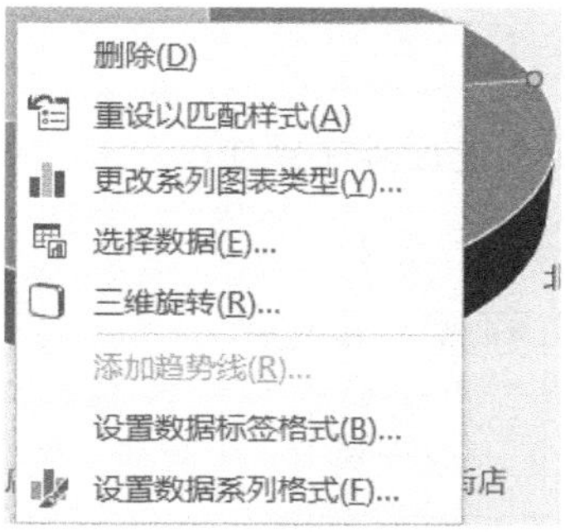

图 3-38　右键快捷菜单

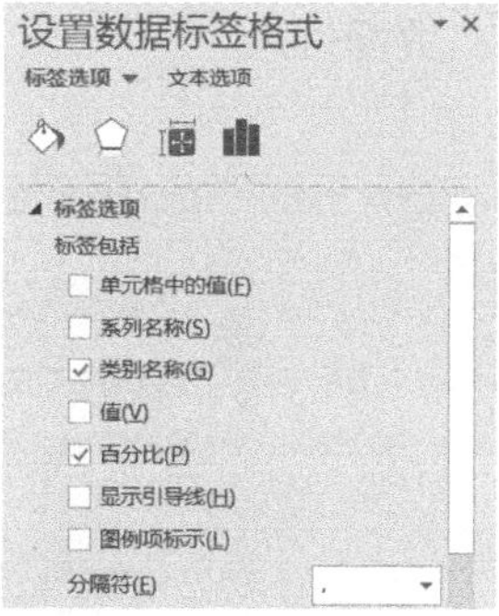

图 3-39　设置数据标签格式

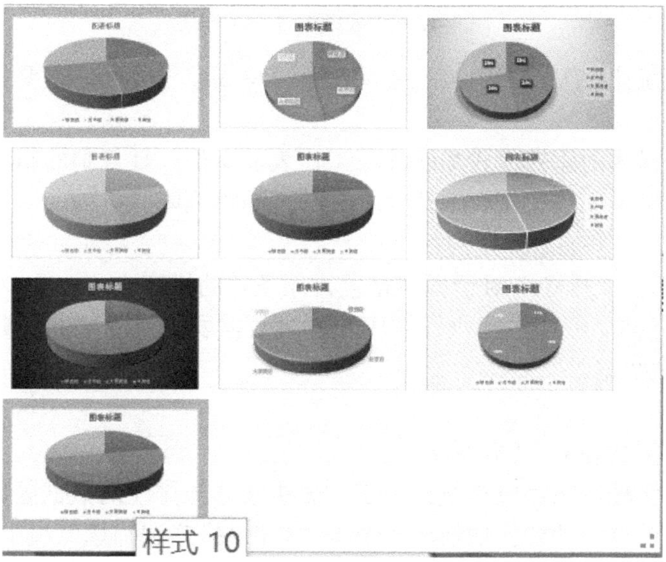

图 3-40　图表样式列表

（8）设置图表区背景：在图表区右击，单击如图 3-41 所示的“填充”按钮，在填充列表中选择“白色，背景 1，深色 5%”的纯色填充。

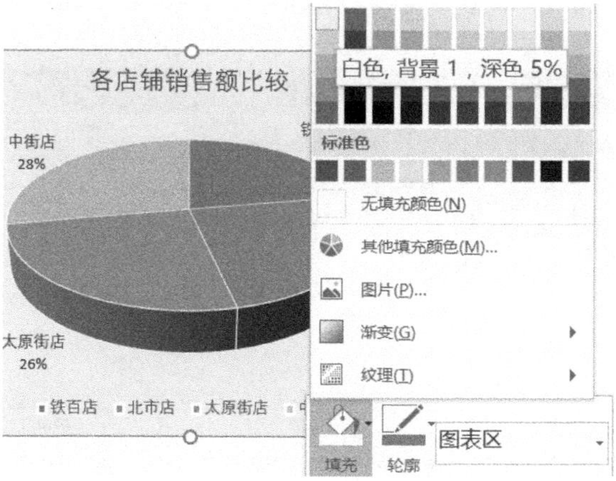

图 3-41　图表区纯色填充

项目 3.2：数据排序

【操作要求】

在如图 3-42 所示的“成绩统计”工作表中按下列要求进行排序操作。

	A	B	C	D	E	F	G
1	传统文化考试成绩统计						
2	学号	姓名	唐诗	宋词	古文	总成绩	评估
3	02010001	李白	85	88	71	244	优秀
4	02010002	刘开	82	71	83	236	一般
5	02010003	白易	82	67	84	233	一般
18	02010016	苏东	81	85	91	257	优秀
19	02010017	陈寿	59	80	90	229	一般
20	大于85分的人数		6	4	7		

成绩统计

图 3-42 “成绩统计”工作表

（1）在“成绩统计”工作表中按主要关键字“总成绩”降序，次要关键字“古文”降序排序（不包括第 20 行）。

（2）在当前工作簿中建立“成绩统计”工作表的备份，且复制的新工作表就命名为“备份表”。在名为“备份表”的工作表中按“姓名”列的笔划降序排列。

要点提示：

本例中主要演示在“排序”对话框中设置排序条件的排序方法。

图中“总分”行被隐藏，实际执行排序操作时数据表中被隐藏的部分不参加排序，因此实际操作时不应隐藏数据。

【操作步骤】

（1）打开“示例 2.xlsx”工作簿。

（2）选择排序区域：在“成绩统计”工作表中，选择排序的数据区域 A2:G19。

（3）执行排序命令：功能区切换至“数据”，在“排序和筛选”组中单击“排序”按钮，弹出“排序”对话框。

（4）设置排序条件：在如图 3-43 所示的“排序”对话框中，单击“主要关键字”后面的下拉按钮，在列表中选择“总成绩”，在“次序”下拉列表中选择“降序”；单击“添加条件”按钮，用同样的方法设置“次要关键字”为“古文”，次序为“降序”。单击“确定”按钮，完成排序操作。

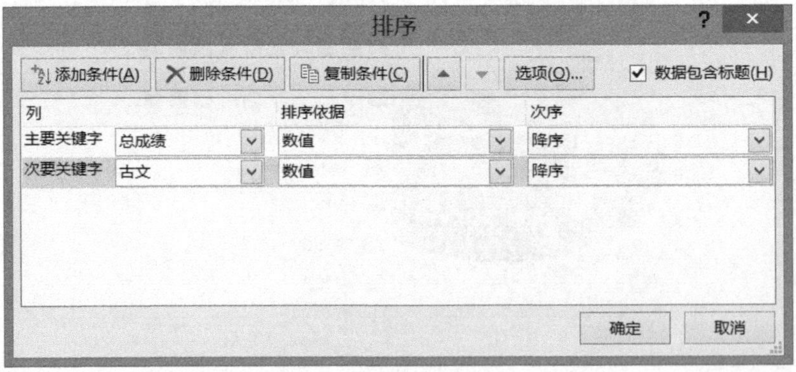

图 3-43 “排序”对话框

（5）复制工作表：在“成绩统计”工作表的标签处右击，在快捷菜单中单击“移动或复制”命令，将“成绩统计”工作表的备份建立在其后，并重新命名为“备份表”。

（6）在“备份表”中排序：用与上面相同的方法执行排序命令，打开“排序”对话框，设置主要关键字为“姓名”，次序为“降序”，如图 3-44 所示。

（7）设置按笔划顺序排序：在图 3-44 所示的“排序”对话框中，单击“选项”按钮，在“排序选项”对话框中的“方法”分组中选中“笔划排序”单选按钮。

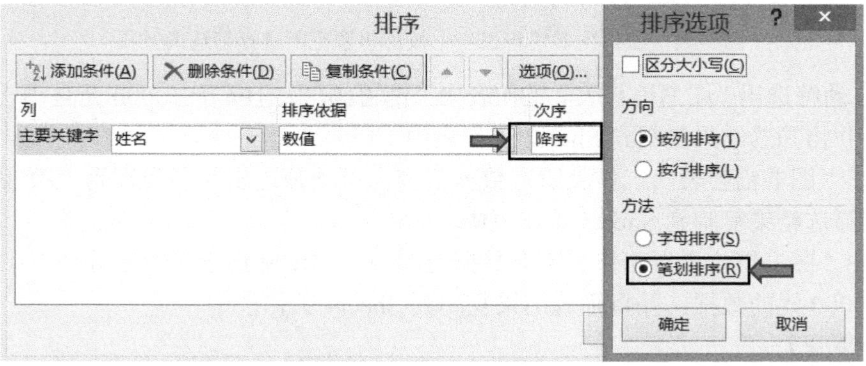

图 3-44　“排序”对话框和“排序选项”对话框

（8）单击“排序选项”对话框中的“确定”按钮，之后再单击“排序”对话框中的“确定”按钮，完成排序操作，排序之后的效果如图 3-45 所示。

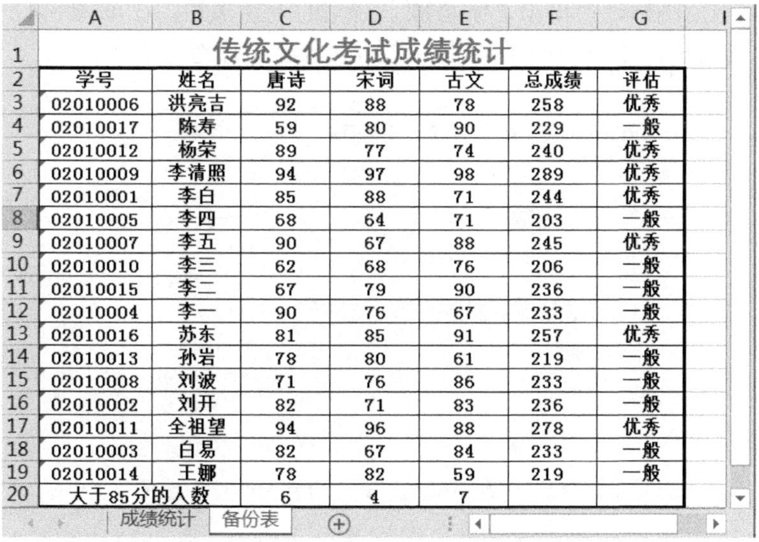

传统文化考试成绩统计						
学号	姓名	唐诗	宋词	古文	总成绩	评估
02010006	洪亮吉	92	88	78	258	优秀
02010017	陈寿	59	80	90	229	一般
02010012	杨荣	89	77	74	240	优秀
02010009	李清照	94	97	98	289	优秀
02010001	李白	85	88	71	244	优秀
02010005	李四	68	64	71	203	一般
02010007	李五	90	67	88	245	优秀
02010010	李三	62	68	76	206	一般
02010015	李二	67	79	90	236	一般
02010004	李一	90	76	67	233	一般
02010016	苏东	81	85	91	257	优秀
02010013	孙岩	78	80	61	219	一般
02010008	刘波	71	76	86	233	一般
02010002	刘开	82	71	83	236	一般
02010011	全祖望	94	96	88	278	优秀
02010003	白易	82	67	84	233	一般
02010014	王娜	78	82	59	219	一般
大于85分的人数		6	4	7		

图 3-45　按“姓名”列的笔划降序排列

项目 3.3： 自动筛选

【操作要求】

在图书销售表中按如下要求进行筛选操作，筛选后“图书销售表”工作表的效果如图 3-46 所示。

图 3-46 在“图书销售表”中按销售额范围进行筛选的结果

（1）自动筛选出“图书销售表”工作表中“销售额”大于等于 10000 元且小于等于 20000 元的数据，并将筛选结果复制到 Sheet2 工作表中。

（2）在“图书销售表”工作表所有数据范围内自动筛选出图书类别为“教辅书”以外的数据，并将筛选结果复制到 Sheet3 工作表中。

（3）在“图书销售表”工作表所有数据范围内，自动筛选出“第 1 分部”中“销售额”大于等于 20000 元的数据，并将筛选结果复制到 Sheet4 工作表中。

【操作步骤】

（1）打开“示例 3.xlsx”工作簿，选择“图书销售表”为当前工作表。

（2）进入自动筛选状态：选中“图书销售表”工作表中 A2:F18 范围数据区域内的任意单元格，按 Ctrl+Shift+L 组合键或者功能区切换至“数据”，单击“排序和筛选”组中的“筛选”按钮，进入自动筛选状态后每个列标题右侧会出现下拉按钮。

（3）按销售额范围筛选：单击“销售额”右侧的下拉按钮，在如图 3-47 所示的列表中选中“数字筛选”复选框，在弹出的子菜单中选择“自定义筛选”命令。

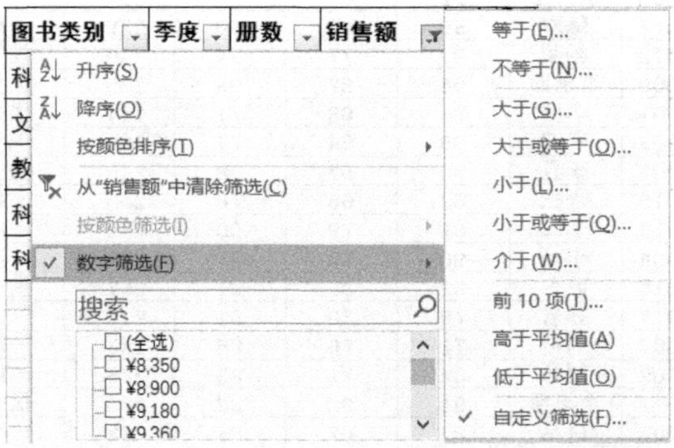

图 3-47 “数字筛选”→“自定义筛选”选项

（4）设置筛选条件：在弹出的如图 3-48 所示的“自定义自动筛选方式”对话框中，设置筛选条件大于或等于 10000 且小于或等于 20000，然后单击“确定”按钮完成设置，显示筛选结果。

（5）复制筛选结果：在图 3-46 所示的筛选结果中使用鼠标选择 A2:F18 区域，按 Ctrl+C 组合键复制，单击选择 Sheet2 工作表中的 A1 单元格，按 Ctrl+V 组合键粘贴，完成筛选结果的复制。

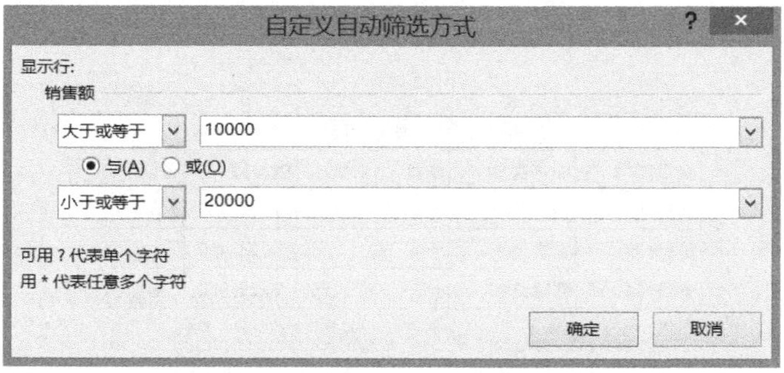

图 3-48　在对话框中设置销售额在 10000 到 20000 区间

（6）从“销售额”中清除筛选：在“图书销售表”工作表，单击“销售额”右侧的下拉按钮，选择下拉列表中的“从‘销售额’中清除筛选”命令。

（7）筛选“教辅类”书籍之外的数据：在自动筛选状态，单击“图书类别”右侧的下拉按钮，在如图 3-49 所示的下拉列表中选择“文本筛选”→“不包含”选项，在如图 3-50 所示的对话框中设置筛选条件为“不包含教辅类”。单击“确定”按钮完成筛选后，复制筛选结果到 Sheet3 工作表中，并在“图书销售表”中从“图书类别”中清除筛选。

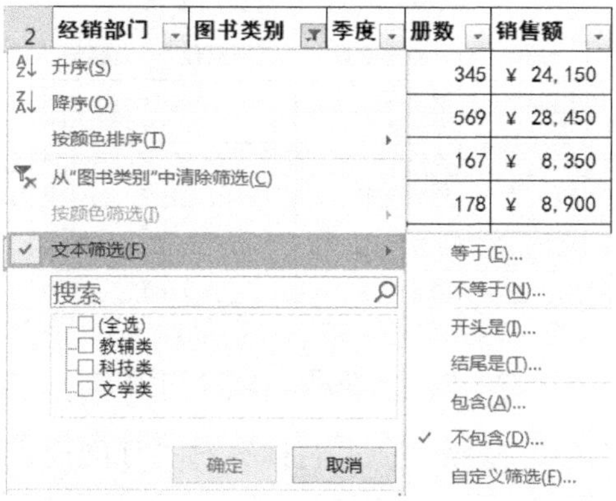

图 3-49　“文本筛选”→“不包含”选项

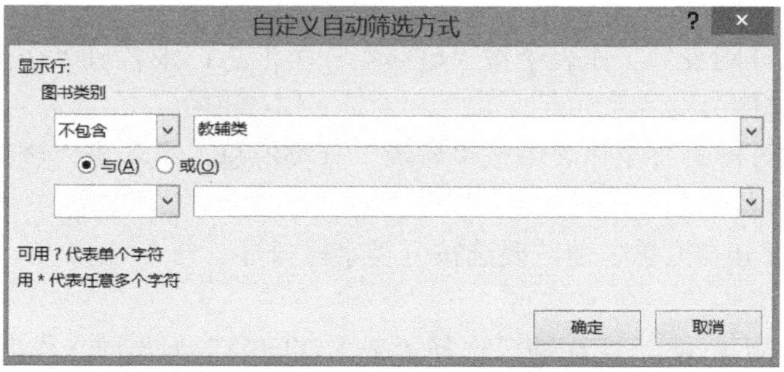

图 3-50　在对话框中设置“不包含教辅类”

（8）筛选“第 1 分部”中销售额大于等于 20000 元的数据：在“图书销售表”的自动筛选状态中，首先单击“经销部门”右侧的下拉按钮，取消全选后，选择“第 1 分部”；之后在“销售额”右侧的下拉列表中选择并设置条件“大于等于 20000”。筛选结果如图 3-51 所示，复制此结果到 Sheet4 工作表中。

图书销售情况表

经销部门	图书类别	季度	册数	销售额	备注
第1分部	科技类	一	345	¥ 24,150	良好
第1分部	文学类	一	569	¥ 28,450	良好
第1分部	教辅类	一	765	¥ 22,950	良好

图书销售表　Sheet2

图 3-51　筛选“第 1 分部”中“销售额大于等于 20000 元”的数据

（9）取消自动筛选状态：选择自动筛选状态的数据表中任意单元格，按 Ctrl+Shift+L 组合键取消自动筛选状态。

项目 3.4：分类汇总

【操作要求】

在如图 3-52 所示的“杂志订阅表”工作表中执行下列分类汇总操作。

某初中杂志订阅情况汇总表

班级	杂志名称	订阅册数	金额
初1.1班	爱语文	25	¥ 150
初1.1班	天天数学	25	¥ 150
初1.1班	英语阅读	30	¥ 180
初1.7班	英语阅读	28	¥ 168
初1.8班	爱语文	27	¥ 162
初1.8班	天天数学	32	¥ 192
初1.8班	英语阅读	30	¥ 180

杂志订阅表

图 3-52　“杂志订阅表”工作表

（1）在“杂志订阅表”中，按照“杂志名称”对“订阅册数”及“金额”进行分类汇总求和，汇总结果显示在数据下方（提示：先按“杂志名称”升序排序）。

（2）复制分类汇总结果到“汇总结果”工作表中，之后删除“杂志订阅表”的全部分类汇总。

（3）在“杂志订阅表”工作表中按“班级”分类汇总，求各班“金额”的总和（提示：先按“班级”升序排序）。

（4）在“杂志订阅表”工作表中按“班级”分类汇总，求各班“金额”的平均值，汇总结果不替换前一个分类汇总。

要点提示：进行分类汇总之前，要选按分类字段排序。

【操作步骤】

（1）打开“示例 4.xlsx”工作簿，选择“杂志订阅表”为当前工作表。

（2）按“杂志名称”排序：选中数据表“杂志名称”列的任意单元格，如 B2 单元格，功能区切换至“数据”，单击“排序与筛选”组的“升序”按钮。

（3）执行“分类汇总”命令：单击数据表 A2:D26 区域中任意单元格，功能区切换至“数据”，选择“分级显示”下拉列表中“分类汇总”命令，弹出“分类汇总”对话框。

（4）设置分类汇总方式：在如图 3-53 所示的“分类汇总”对话框中，设置分类字段为“杂志名称”，汇总方式为“求和”，选中汇总项“订阅册数”和“金额”复选框，单击“确定”按钮，完成设置并显示效果。

（5）分级显示汇总结果：分类汇总后的“杂志订阅表”工作表中，单击窗口左侧区域中的分级按钮2，显示一级和二级数据，效果如图 3-54 所示。

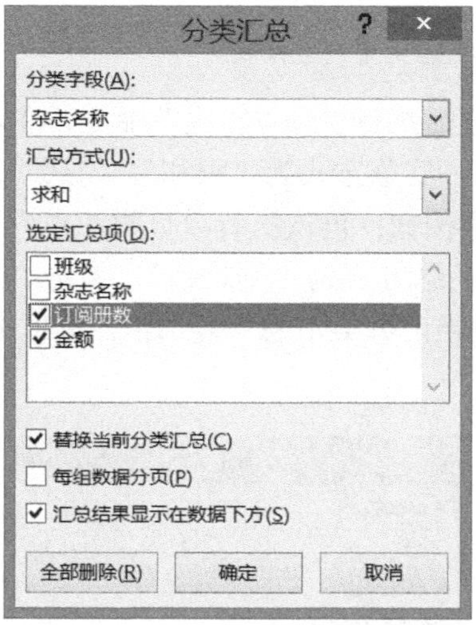

图 3-53　“分类汇总”对话框

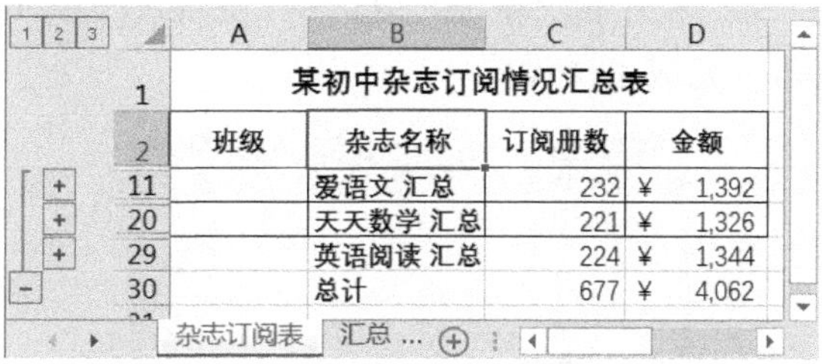

图 3-54　显示一级和二级分类汇总数据

（6）复制二级分类汇总数据：选择如图 3-54 所示的 A2:D29 区域，按 F5 键，弹出如图 3-55 所示的“定位”对话框，单击其中的“定位条件”按钮，弹出如图 3-56 所示的“定位条件”对话框，选中“可见单元格”单选按钮。单击“确定”按钮后，将选择区域定位为可见的单元格。之后按 Ctrl+C 组合键复制，单击选择“汇总结果”工作表中的 A2 单元格，按 Ctrl+V 组合键将选定的可见单元格复制到汇总结果工作表的 A2:D5 区域，效果如图 3-57 所示。

图 3-55　“定位”对话框

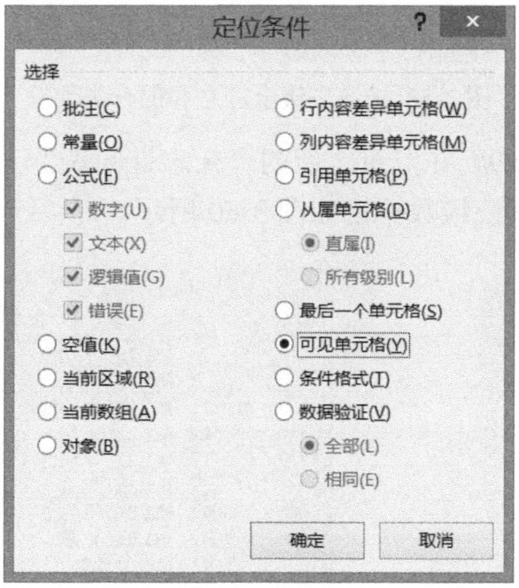

图 3-56　在“定位条件”对话框选择“可见单击格”

（7）删除“杂志订阅表”工作表中的分类汇总：选中数据表中任意单元格，打开“分类汇总”对话框，单击“全部删除”按钮。

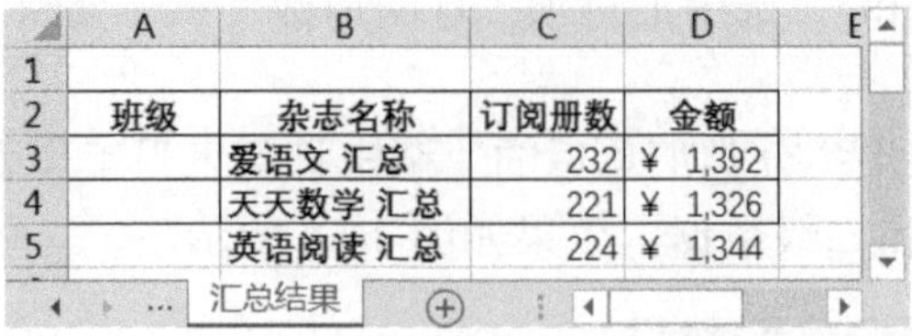

图 3-57 将二级汇总数据复制到“汇总结果”工作表

（8）按“班级”分类汇总：先按“班级”排序，之后执行“分类汇总”命令，在如图 3-58 所示的“分类汇总”对话框中设置分类字段为“班级”，汇总方式为“求和”，勾选“选定汇总项”列表框中的“金额”复选框，完成后单击“确定”按钮；再次执行“分类汇总”命令，在如图 3-59 所示的对话框中设置分类字段为“班级”，汇总方式为“平均值”，勾选“选定汇总项”列表框中的“金额”复选框，之后取消勾选“替换当前分类汇总”复选框，再单击“确定”按钮，完成本次设置。

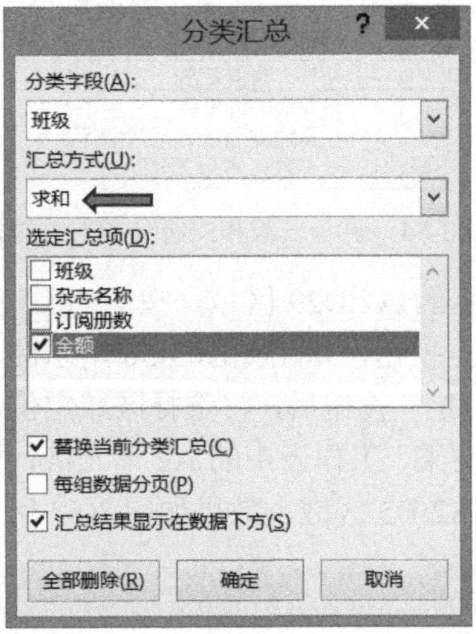

图 3-58 求各班级金额之和的分类汇总

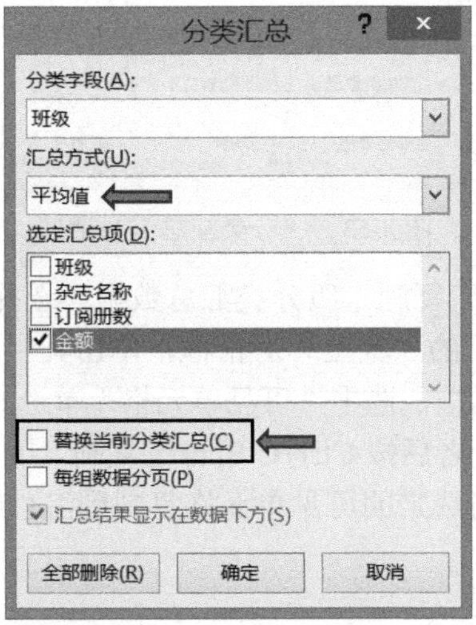

图 3-59 求各班级金额平均值的分类汇总

（9）在汇总之后的“杂志订阅表”工作表中，单击窗口左侧的分级按钮，显示一级、二级和三级数据，如图 3-60 所示。

图 3-60 同时建立两个分类汇总后，显示一级、二级、三级汇总数据

项目 3.5：数据透视表

【操作要求】

为如图 3-61 所示的“销售情况”工作表中教材销售数据创建一个数据透视表，放置在一个名为“数据透视分析”的工作表中，要求针对各类教材比较各地区每个季度的销售额。其中，“教材名称”为报表筛选字段，“地区”为行标签，“季度”为列标签，并对“销售额”求和。

	A	B	C	D	E
1	教材销售情况表				
2	日期	教材名称	地区	销售册数	销售额
3	一季度	语文课本	北京	569	¥ 28,450
4	一季度	语文课本	长春	345	¥ 24,150
8	二季度	英语课本	北京	287	¥ 14,350
9	二季度	语文课本	沈阳	206	¥ 14,420
13	三季度	数学课本	长春	312	¥ 9,360
14	三季度	语文课本	北京	234	¥ 16,380
17	四季度	英语课本	长春	306	¥ 9,180
18	四季度	数学课本	沈阳	345	¥ 24,150

图 3-61 “销售情况”工作表中的部分数据

【操作步骤】

（1）打开“示例 5.xlsx”工作簿，选择“销售情况”工作表为当前工作表。

（2）选择数据表 A2:E18 区域内的任意一个单元格，功能区切换至“插入”，在“表格”组单击“数据透视表”，弹出“创建数据透视表”对话框，如图 3-62 所示，确认“表/区域”为“教材销售表!$A$2:$E$18”，选中“选择放置透视表的位置”下的“新工作表”单选按钮，单击“确定”按钮，打开数据透视表任务窗格。

（3）在如图 3-63 所示的“数据透视表字段”窗格中将标题列表中的“教材名称”拖拽到“筛选器”区域，将“地区”拖拽到“行”区域，将“季度”拖拽到“列”区域，将“销售额”拖拽到“值”区域，设置完成后的数据透视表如图 3-64 所示。

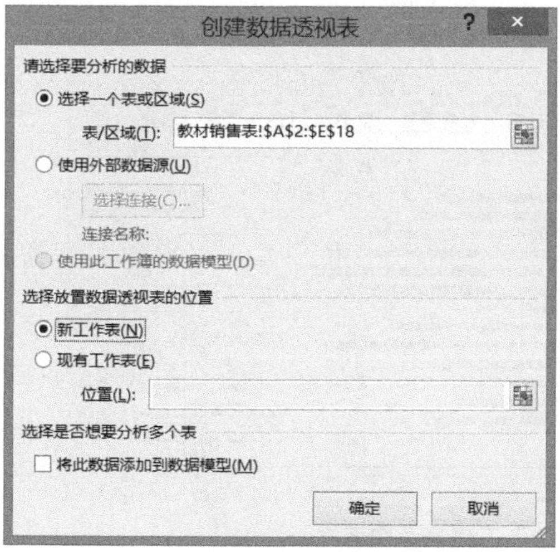

图 3-62 “创建数据透视表”对话框

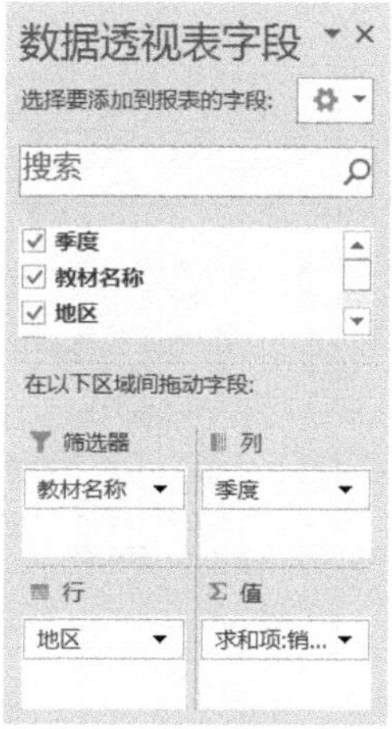

图 3-63 “数据透视表字段”窗格

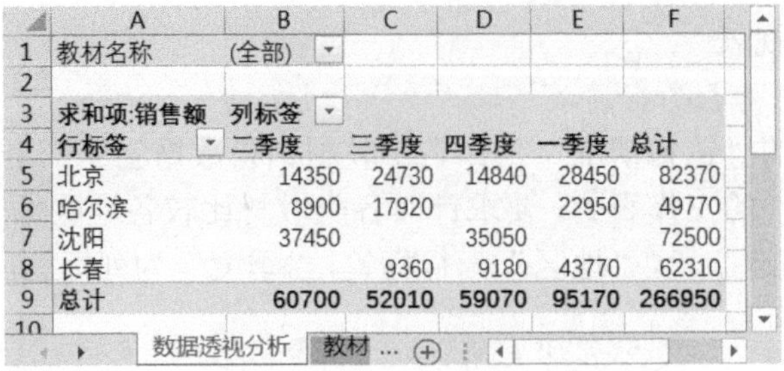

	A	B	C	D	E	F
1	教材名称	(全部)				
2						
3	求和项:销售额	列标签				
4	行标签	二季度	三季度	四季度	一季度	总计
5	北京	14350	24730	14840	28450	82370
6	哈尔滨	8900	17920		22950	49770
7	沈阳	37450		35050		72500
8	长春		9360	9180	43770	62310
9	总计	60700	52010	59070	95170	266950

图 3-64　数据透视表

（4）修改新工作表标签：双击放置数据透视表的工作表标签，将其重命名为“数据透视分析”。

（5）筛选数据：例如筛选“数学课本”的各季度不同区域的销售额汇总项，则在数据透视表的筛选器“教材名称”下拉列表中选择“数学课本”，如图 3-65 所示。同样可在列标签和行标签处筛选。

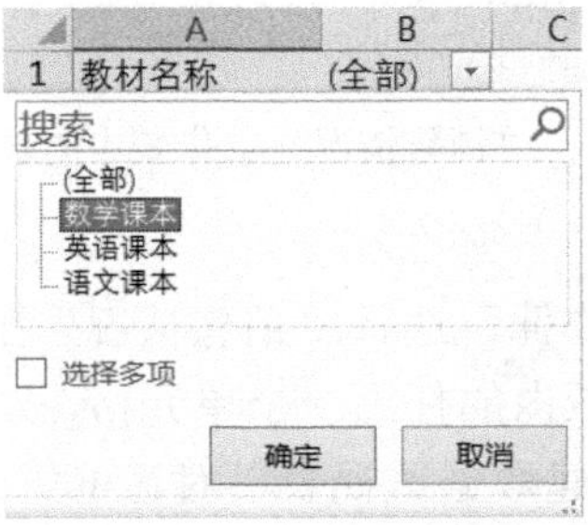

图 3-65　教材名称筛选列表

三、项目练习

（1）打开“练习.xlsx”工作簿，按下面的要求完成操作。

1）根据“姓名”和“总分”列数据，生成一个三维簇状柱形图，图表标题为“学生总分”，如图 3-66 所示。

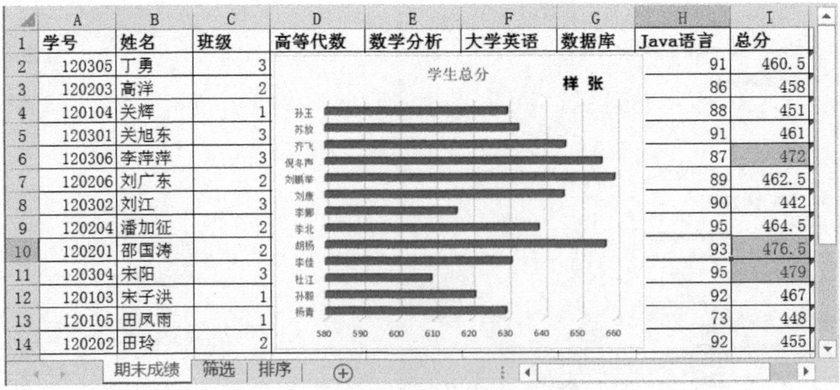

	A	B	C	D	E	F	G	H	I
1	学号	姓名	班级	高等代数	数学分析	大学英语	数据库	Java语言	总分
2	120305	丁勇	3					91	460.5
3	120203	高洋	2					86	458
4	120104	关辉	1					88	451
5	120301	关旭东	3					91	461
6	120306	李萍萍	3					87	472
7	120206	刘广东	2					89	462.5
8	120302	刘江	3					90	442
9	120204	潘加征	2					95	464.5
10	120201	邵国涛	2					93	476.5
11	120304	宋阳	3					95	479
12	120103	宋子洪	1					92	467
13	120105	田凤雨	1					73	448
14	120202	田玲	2					92	455

图 3-66　“期末成绩”工作表及图表样张

2）在“筛选”工作表中，筛选出高等代数成绩大于 90 的数据，效果如图 3-67 所示。

	A	B	C	D	E	F	G	H	
1	学号	姓名	班级	高等代	数学分	大学英	数据库	Java语言	总分
2	120305	丁勇	3	91.5	89	94	92	91	
3	120203	高洋	2	93	99	92	86	86	
4	120104	关辉	1	93	99	92	78	88	
5	120301	关旭东	3	99	98	92	78	91	
6	120306	李萍萍	3	99	94	99	90	87	
7	120206	刘广东	2	90.5	94	99	88	89	
9	120204	潘加征	2	95.5	92	96	84	95	
10	120201	邵国涛	2	93.5	92	96	100	93	
11	120304	宋阳	3	95	97	96	93	95	

期末成绩 | 筛选 | 排序

图 3-67　“筛选”工作表完成筛选的效果

3）在“排序”工作表中，以“班级”为主要关键字，升序排列。

4）为“排序”工作表建立一个分类汇总，分类字段为“班级”，汇总方式为“平均值”，汇总项为“高等代数”“数学分析”“大学英语”“数据库”“Java 语言”，完成效果如图 3-68 所示。

	A	B	C	D	E	F	G	H	I
1	学号	姓名	班级	高等代数	数学分析	大学英语	数据库	Java语言	总分
2	120104	关辉	1	93	99	92	78	88	
3	120103	宋子洪	1	95	85	96	98	92	
4	120105	田凤雨	1	88	98	99	89	73	
5			**1 平均值**	92	94	95.66667	88.33333	84.333333	
6	120203	高洋	2	93	99	92	86	86	
7	120206	刘广东	2	90.5	94	99	88	89	
8	120204	潘加征	2	95.5	92	96	84	95	
9	120201	邵国涛	2	93.5	92	96	100	93	
10	120202	田玲	2	86	98	89	88	92	
11			**2 平均值**	91.7	95	94.4	89.2	91	
12	120305	丁勇	3	91.5	89	94	92	91	
13	120301	关旭东	3	99	98	92	78	91	
14	120306	李萍萍	3	99	94	99	90	87	
15	120302	刘江	3	78	95	94	82	90	
16	120304	宋阳	3	95	97	96	93	95	
17			**3 平均值**	92.5	94.6	95	87	90.8	
18			**总计平均**	92.07692	94.61538	94.92308	88.15385	89.384615	

期末成绩 | 筛选 | 排序

图 3-68　“排序”工作表中完成分类汇总的效果

（2）Excel 综合应用。

1）打开“综合应用 1.xlsx”工作簿，按如下要求完成操作，其中“人口统计”工作表的完成效果如图 3-69 所示。

	A	B	C	D	E
1	亚洲各国人口情况				
2	国家或地区	首都	面积（平方千米）	人口（万人）	占总人口比例
3	中华人民共和国	北京	9600000	127610	41.13%
4	印度	新德里	2974700	96020	30.95%
5	印度尼西亚	雅加达	1904443	20350	6.56%
21	蒙古	乌兰巴托	1566500	260	0.08%
22	哈萨克斯坦	阿斯塔纳	2724900	180	0.06%
26	合计		22541886	310232	

Sheet1 | 人口统计

图 3-69　综合应用 1 中“人口统计”工作表的完成效果

①将 Sheet1 工作表中的数据复制到 Sheet2 工作表中，自 A18 单元格开始存放，为 Sheet2 工作表命名为“人口统计”。

②在“人口统计”工作表中，将数据按人口数量降序排序。

③在“人口统计”工作表的第 1 行上方插入一空行，在 A1 单元格输入标题“亚洲各国人口情况”，并将标题设置为“等线、18 号字”，在 A1:E1 范围内合并后居中。

④在“人口统计”工作表的 A26 单元格中输入“合计”，在 C26:D26 单元格中利用函数分别计算表中各国面积总和及人口总和。

⑤在“人口统计”工作表的 E2 单元格中输入“占总人口比例”，在 E3:E25 各单元格中利用公式分别计算各国人口占总人口的比例（要求使用绝对地址引用总人口），结果以百分比格式表示，保留 2 位小数。

⑥在“人口统计”工作表中设置标题行行高 30，其余行行高为 16，设置所有列宽为“自动调整列宽”。

⑦在“人口统计”工作表中，设置所有表格内容（A2:E26 区域）水平居中，并给表格添加最细实线内外边框线。

⑧利用自动筛选，筛选出国土面积大于 1000000 平方千米的国家数据。

2）打开“综合应用 2.xlsx”工作簿，按如下要求完成操作，完成效果参考如图 3-70 所示。

①在 Sheet1 工作表的 A1 单元格中输入标题“图书销售情况表”，并将标题设置为 18 号字，在 A1:F1 范围内合并后居中。

②在 A23 单元格内输入“最小值”，在 D23 和 E23 单元格中利用函数计算“数量”和“销售额”的最小值。

③将第 2～23 行的行高设置为 22，并设置 E 列为自动调整列宽。

④在工作表的 F 列用 IF 函数填充，要求当销售额大于 18000 元时，备注内容为“良好”，销售额为其他值时显示“一般”。

⑤为 A2:F23 数据区域添加最细实线样式内外边框。

⑥按照“经销部门”对“数量”及“销售额”进行分类汇总求和，汇总结果显示在数据下方（“经销部门”升序排序，不包含“最小值”行）。

⑦根据经销部门的销售额汇总数据生成一张“三维簇状柱形图”，图表标题为“各部门图书销售比较”，如图 3-70 所示。

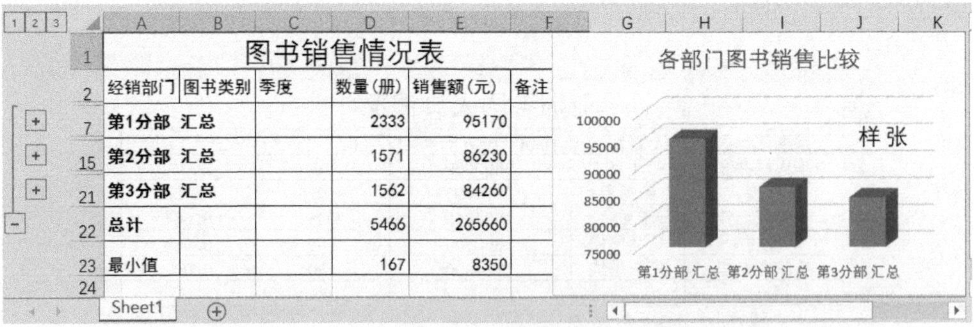

图 3-70 综合应用 2 的完成效果及图表样张

3）打开“综合应用 3.xlsx”工作簿，按如下要求完成操作，部分完成效果如图 3-71 所示。

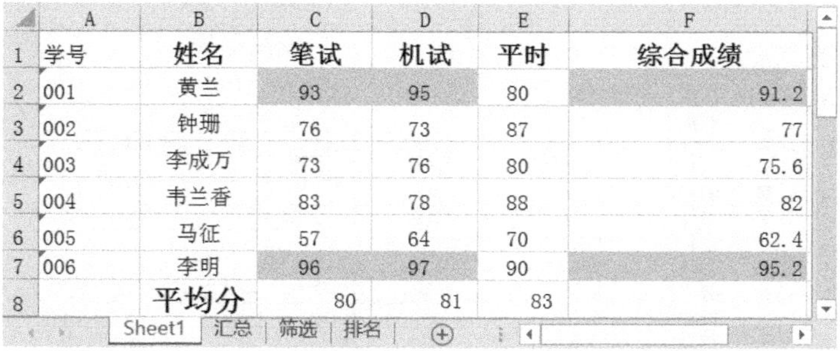

	A	B	C	D	E	F
1	学号	姓名	笔试	机试	平时	综合成绩
2	001	黄兰	93	95	80	91.2
3	002	钟珊	76	73	87	77
4	003	李成万	73	76	80	75.6
5	004	韦兰香	83	78	88	82
6	005	马征	57	64	70	62.4
7	006	李明	96	97	90	95.2
8		平均分	80	81	83	

Sheet1 | 汇总 | 筛选 | 排名

图 3-71　综合应用 3 中 Sheet1 工作表完成效果参考

①在 Sheet1 工作表中，“姓名”列左侧插入一列“学号”，输入各记录学号值：001、002、003、004、005、006。

②在 Sheet1 工作表中，利用公式或函数计算平均分和综合成绩（综合成绩=笔试×0.4+机试×0.4+平时×0.2）。

③在 Sheet1 工作表中，利用条件格式将 C2:F7 区域所有 90 分以上不包含 90 分的成绩设置为“浅红色填充”。

④在 Sheet1 工作表中建立机试成绩的簇状柱形图，并嵌入本工作表中，如图 3-72 所示。

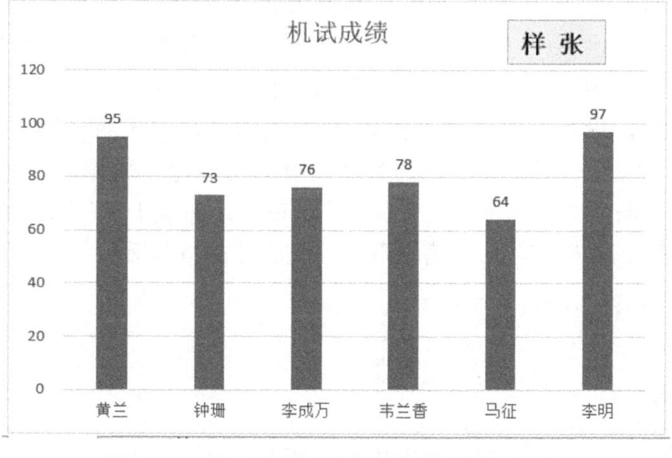

图 3-72　综合应用 3 中机试成绩图表的样张

⑤对“汇总”工作表中的数据进行分类汇总：按“专业”分类汇总各科成绩的平均值。

⑥在“筛选”工作表中筛选出“笔试”成绩大于 90 分的记录。

⑦在“排名”工作表中使用 RANK 函数填写“机试名次”，按降序排列。

⑧以原名保存文档。

4）打开“综合应用 4.xlsx”工作簿，按如下要求完成操作，部分完成效果如图 3-73 所示。

①将“人员工资情况”工作表的 A1:D1 单元格合并为一个单元格，内容水平居中。

②计算各职称人数（请用 COUNTIF 函数）和基本工资平均值（请用 AVERAGEIF 函数，数值型，保留小数点后 2 位），置于 G5:G7 和 H5:H7 单元格区域；计算各性别在各职称上的基

本工资平均值（请用 AVERAGEIFS 函数，数值型，保留小数点后 2 位），置于 L3:L8 单元格区域。

	A	B	C	D
1	人员工资情况表			
2	职工号	性别	职称	基本工资（元）
3	JH001	女	教授	8200
4	JH002	男	教授	9200
5	JH003	男	讲师	7100
6	JH004	男	教授	8500
7	JH005	男	讲师	7500
8	JH006	女	助教	5600
9	JH007	男	讲师	7700
10	JH008	女	教授	8300
11	JH009	女	助教	4600
12	JH010	男	教授	8700
13	JH011	女	讲师	6500
14	JH012	男	教授	8700
15	JH013	男	讲师	6300
16	JH014	女	讲师	7100
17	JH015	女	教授	8200
18	JH016	男	教授	8500
19	JH017	女	讲师	6900
20	JH018	男	讲师	7200
21	JH019	男	助教	5100
22	JH020	女	讲师	7300
23				

职称	人数	基本工资平均值（元）
教授	8	8537.50
讲师	9	7066.67
助教	3	5100.00

性别	职称	基本工资平均值（元）
女	教授	8233.33
女	讲师	6950.00
女	助教	5100.00
男	教授	8720.00
男	讲师	7160.00
男	助教	5100.00

图 3-73 综合应用 4 中人员工资情况表的样张

③利用条件格式对 F4:H7 单元格区域设置“红-黄-绿色阶”。

④利用 Sheet1 工作表中 F4:F7 列（职称）、G4:G7 列（人数）和 H4:H7 列（基本工资平均值）3 列数据建立组合图；并设置“基本工资平均值”系列为主坐标，“基本工资平均值”系列的图表类型为“簇状柱形图”；“人数”系列为次坐标，“人数”系列的图表类型为“折线图”；图表标题位于图表上方，图表标题为“人员工资统计图”，设置“显示图例项标示”；设置图表颜色为“彩色/颜色 2”，设置绘图区填充格式为“图案填充/虚线网格”。

⑤选择 Sheet2 工作表，利用工作表内数据清单的内容建立数据透视表，按行为“季度”，列为“产品类别”，数据为“销售额（万元）”求和布局，并置于现工作表的 I10:N15 单元格区域，将 Sheet2 工作表命名为“产品销售情况表”，如图 3-74 所示。

1	季度	分公司	产品类别	产品名称	销售数量	销售额（万元）	销售额排名
2	1	西部1	J-1	电视	21	9.37	30
3	1	东部2	H-1	空调	24	8.50	32
4	2	南部1	J-1	电视	27	7.43	34
5	2	北部2	H-1	空调	37	5.11	37
6	3	东部3	J-2	电冰箱	39	9.13	31
7	2	西部1	J-1	电视	42	18.73	13
8	1	北部3	J-2	电冰箱	43	13.80	25
9	3	东部2	H-1	空调	45	15.93	21
10	2	南部3	J-2	电冰箱	45	10.53	29
11	3	南部1	J-1	电视	46	12.65	26
12	2	北部3	J-2	电冰箱	48	15.41	22
13	3	北部2	H-1	空调	53	7.31	35
14	3	北部3	J-2	电冰箱	54	17.33	20
15	1	南部2	H-1	空调	54	19.12	12
16	2	东部1	J-1	电视	56	15.40	23
17	2	西部2	H-1	空调	56	7.73	33

求和项:销售额（万元）	列标签				
行标签	H-1	J-1	J-2	X-1	总计
1	65.176	83.747	73.371	14.94	237.234
2	63.102	74.115	63.297	14.79	215.304
3	65.28	94.132	62.307	13.35	235.069
总计	193.558	251.994	198.975	43.08	687.607

图 3-74 综合应用 4 中数据透视表的样张

⑥以原名保存文档。

第 4 章　演示文稿 PowerPoint 2016 的应用

项目 1　PowerPoint 的基本操作

一、学习目标

（1）了解 PowerPoint 窗口的组成、视图方式及幻灯片的相关概念。
（2）掌握演示文稿的创建及幻灯片的管理。
（3）掌握幻灯片版式的选择、主题的应用与母版的设置方法。
（4）掌握文本、图片、艺术字、表格、图表、页眉和页脚等元素的插入与编辑方法。
（5）掌握声音与视频的插入与设置方法。
（6）掌握相册的创建和使用方法。

二、项目内容及步骤

项目 1.1："诗词欣赏"演示文稿的制作

【操作要求】

（1）演示文稿的创建与文字输入。创建新演示文稿，制作第 1 张幻灯片，幻灯片版式为"标题幻灯片"，并输入文字。

（2）幻灯片的版式与主题的使用。创建"标题和内容"版式的幻灯片（第 2 张幻灯片）；创建"标题和竖排文字"版式的幻灯片（第 3 张幻灯片）；创建结束页幻灯片（第 4 张幻灯片）；应用幻灯片主题。

（3）图片的插入与幻灯片背景的设置。在幻灯片中插入图片，可以在创建包含"内容"占位符的幻灯片中，单击内容中的图片快速操作按钮，选择图片插入；也可以不用占位符，功能区切换至"插入"，单击"图像"组中命令按钮直接插入。

【操作步骤】

1. 演示文稿的创建与文字输入

创建新的演示文稿，制作第 1 张幻灯片，幻灯片版式为"标题幻灯片"，并输入文字。

（1）单击"开始"按钮，从"所有程序"下的 Microsoft Office 组件中，单击 Microsoft Office PowerPoint 2016，启动应用程序，如图 4-1 所示。

（2）单击选择"空白演示文稿"，在默认设置状态下，启动 PowerPoint 后，系统会自动建立带有一张版式为"标题幻灯片"的演示文稿，并显示 PowerPoint 的"普通"视图窗口，如图 4-2 所示。

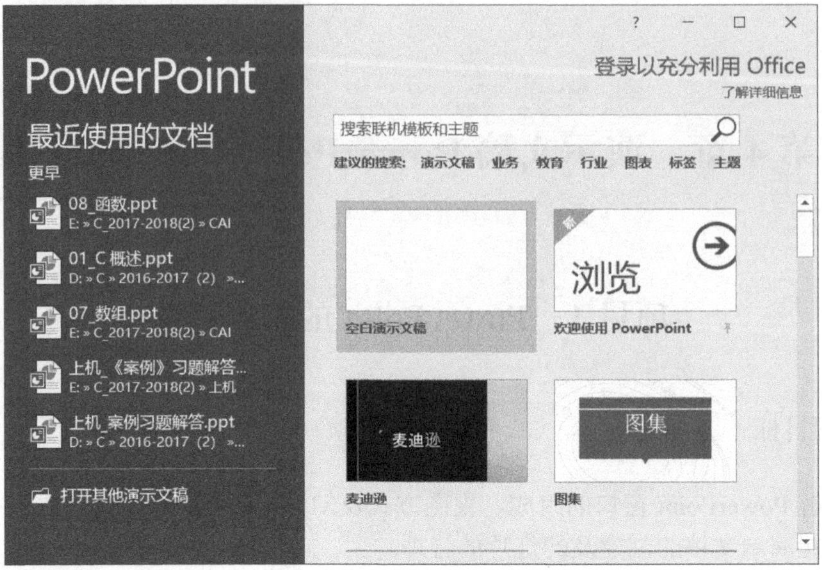

图 4-1　PowerPoint 启动窗口

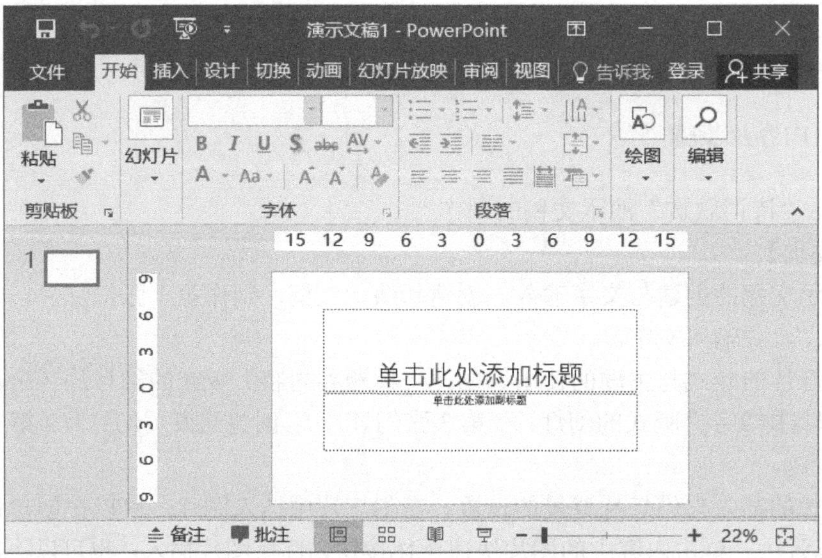

图 4-2　PowerPoint 用户界面

（3）在幻灯片的工作区中，单击“单击此处添加标题”占位符，输入标题文字“诗词欣赏”。在“单击此处添加副标题”处输入“——唐 • 宋诗词”，并设置为右对齐，如图 4-3 所示。

（4）保存演示文稿。功能区切换至“文件”，在下拉列表中单击“保存”命令，或单击“快速访问工具栏”上的“保存”按钮，选定保存位置为“浏览”，在“另存为”对话框中，选择保存路径，如“E:\我的演示文稿”，输入演示文稿的文件名“诗词欣赏”，如图 4-4 所示，单击“保存”按钮，则保存为默认类型的“演示文稿”文件，即.pptx 文件。

提示：初次保存演示文稿，会弹出“另存为”对话框。在演示文稿的编辑过程中，通过按 Ctrl+S 组合键，或单击“快速访问工具栏”上的“保存”按钮，可随时保存编辑内容。

图 4-3　“诗词欣赏”标题幻灯片

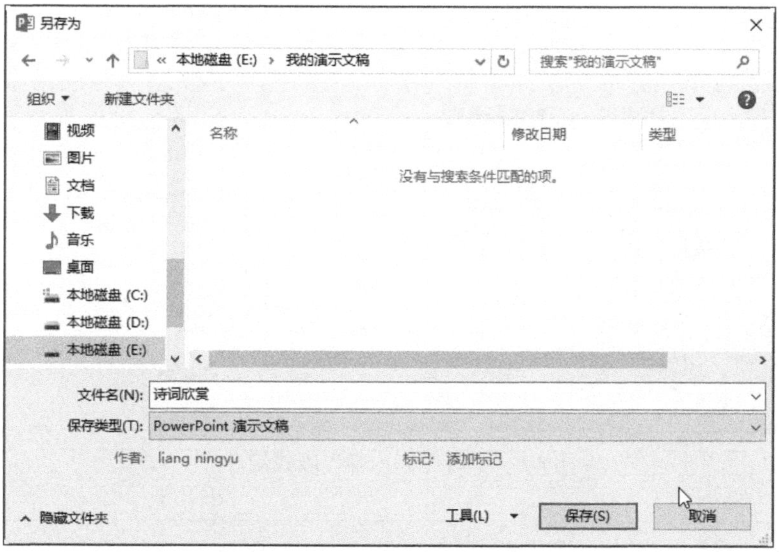

图 4-4　“另存为”对话框

2. 幻灯片的版式与主题的使用

（1）创建“标题和内容”版式的幻灯片（第 2 张幻灯片）。在演示文稿“诗词欣赏”中，功能区切换至“开始”，在“幻灯片”组中单击“新建幻灯片”下拉按钮，展开版式列表，如图 4-5 所示。单击“标题和内容”版式，插入一张该版式的新幻灯片。输入标题和内容文字，如图 4-6 所示。

（2）创建“标题和竖排文字”版式的幻灯片（第 3 张幻灯片）。功能区切换至“开始”，在“幻灯片”组，单击“新建幻灯片”下拉按钮，从幻灯片版式列表中，单击“标题和竖排文字”版式，插入新幻灯片，输入标题和内容文字，如图 4-7 所示。

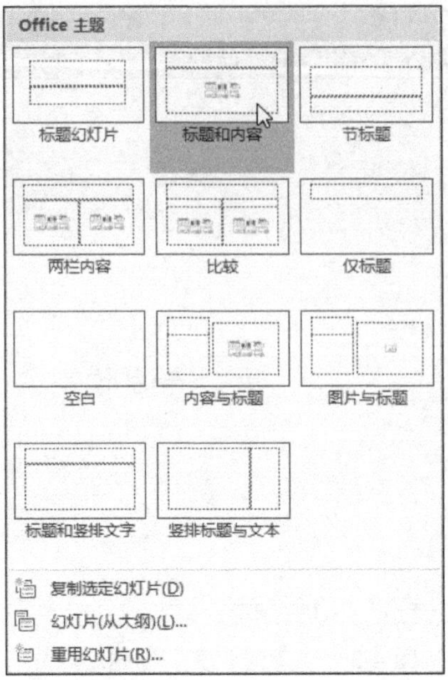

图 4-5 版式选择列表

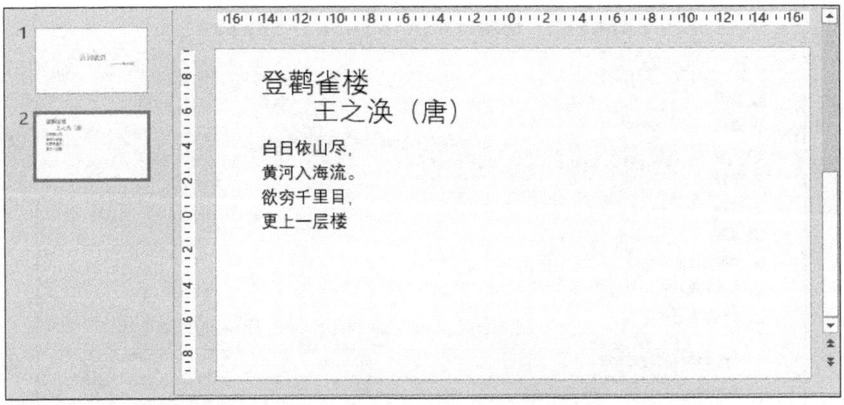

图 4-6 “标题和内容”版式幻灯片

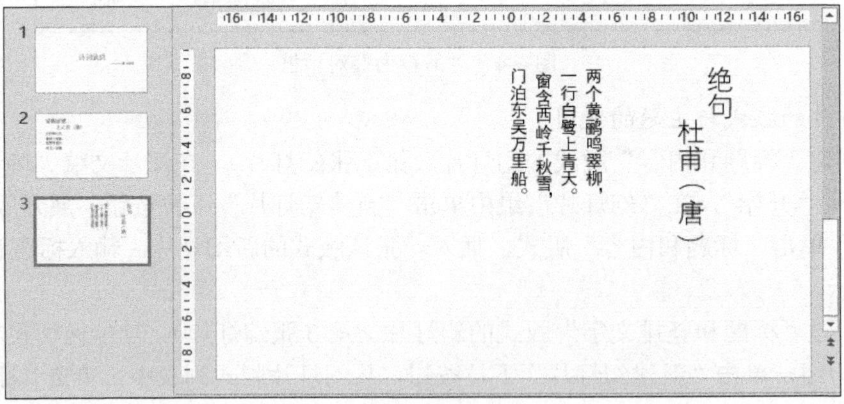

图 4-7 “标题和竖排文字”版式

（3）创建结束页幻灯片（第 4 张幻灯片）。功能区切换至“开始”，在“幻灯片”组中单击“新建幻灯片”下拉按钮，从幻灯片版式列表中，单击“标题幻灯片”版式，插入新幻灯片，在标题占位符输入标题文字“谢谢观看，再见！”。选中副标题占位符，按 Delete 键将其删除。

4 张幻灯片创建后，其浏览视图效果如图 4-8 所示。

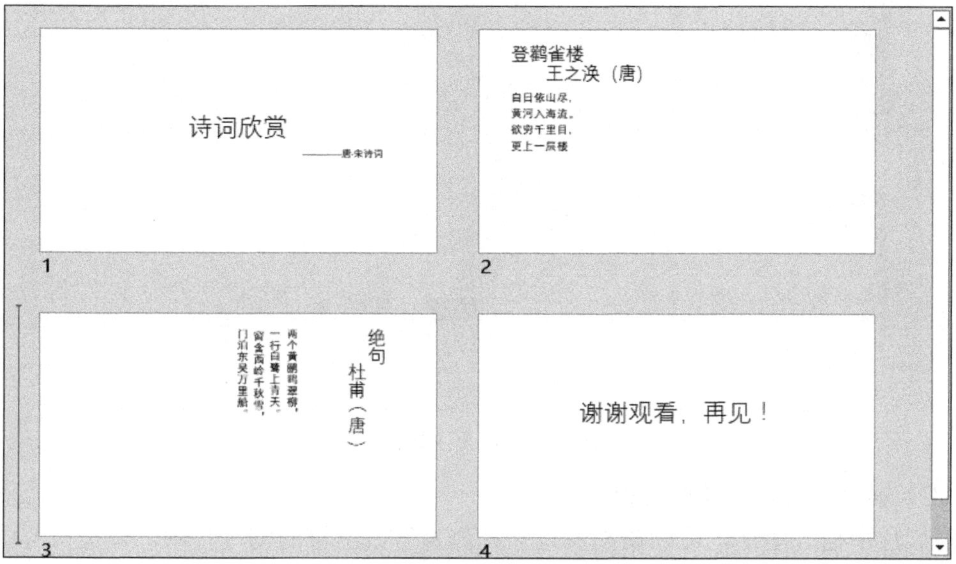

图 4-8　演示文稿“浏览”视图

（4）应用幻灯片主题。PowerPoint 内置了多种主题，应用主题的配色方案和字体样式可以快速制作出比较美观的幻灯片。可以在创建演示文稿时，先选择一种主题，也可以在演示文稿创建后，再选择主题或更改主题。在已创建的演示文稿中使用内置主题的操作方法如下：

功能区切换至 “设计”，在“主题”组的主题样式列表中，单击右下角的“其他”按钮，打开“主题”样式列表，如图 4-9 所示。单击幻灯片主题为“丝状”，则该主题应用于整个演示文稿中。

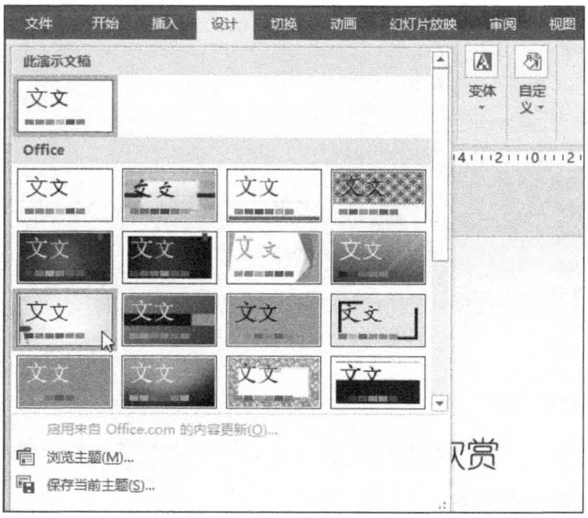

图 4-9　主题选择列表

适当调整文字的位置，保存演示文稿，完成效果如图 4-10 所示。

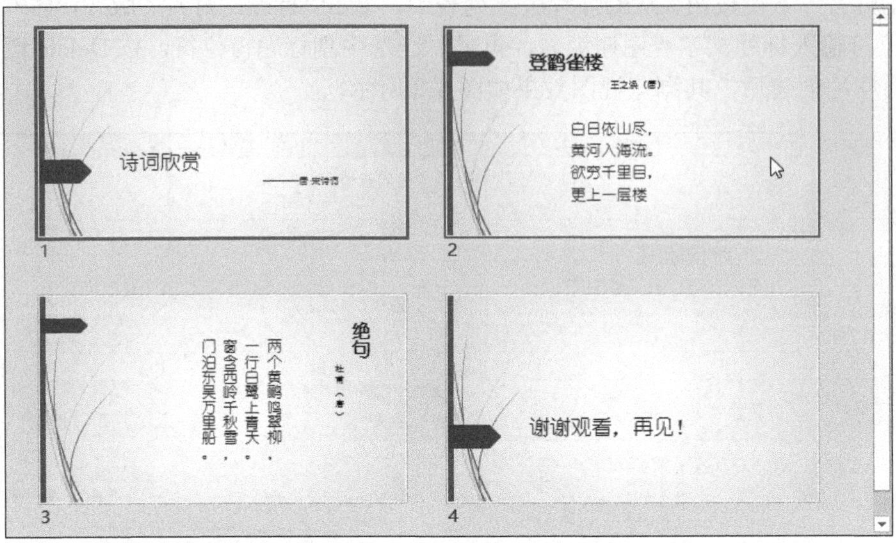

图 4-10　应用主题效果

3. 图片的插入与幻灯片背景设置

在幻灯片中插入图片，可以在创建包含“内容”占位符的幻灯片中，单击内容中的图片快速操作按钮，选择图片插入；也可以不用占位符，将功能区切换至“插入”，在“图像”组中单击“图片”按钮直接插入。

（1）在幻灯片中插入图片。

1）打开演示文稿“诗词欣赏”，选择第 2 张幻灯片，将功能区切换至“插入”，在“图像”组中单击“图片”按钮，如图 4-11 所示。

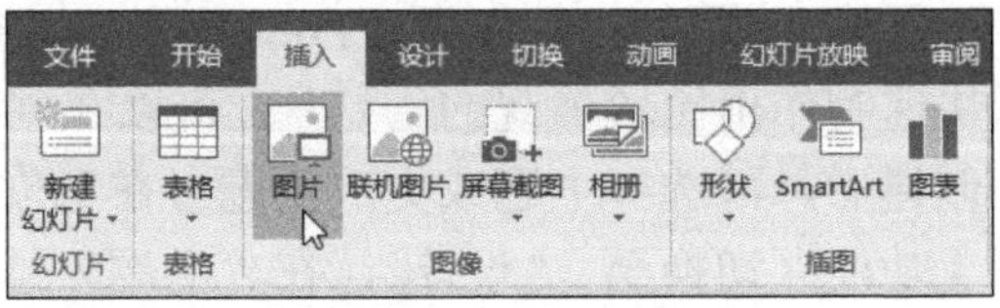

图 4-11　“插入”功能区“图像”组

2）在弹出的“插入图片”对话框中，选择要插入的图片，如图 4-12 所示，单击“插入”按钮，图片则插入到当前幻灯片中。

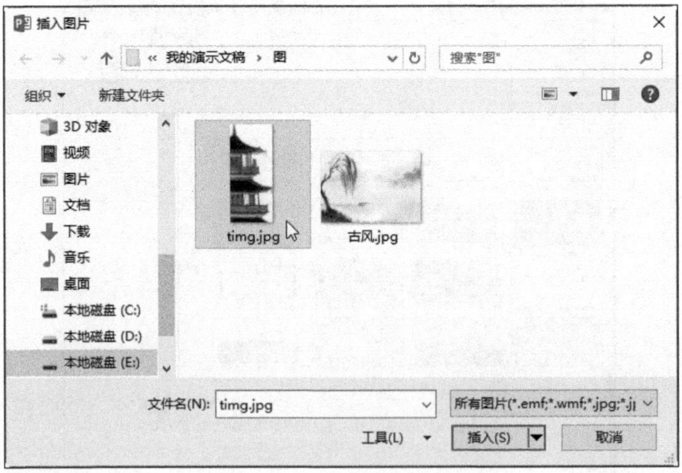

图 4-12　“插入图片”对话框

3）选中图片，单击“图片工具”的“格式”选项卡，如图 4-13 所示。在“大小”组中，设置图片的高度为 19.05 厘米，与幻灯片的高度相同，移动图片到幻灯片的右侧边缘。完成效果如图 4-14 所示。

图 4-13　“图片工具—格式”选项卡

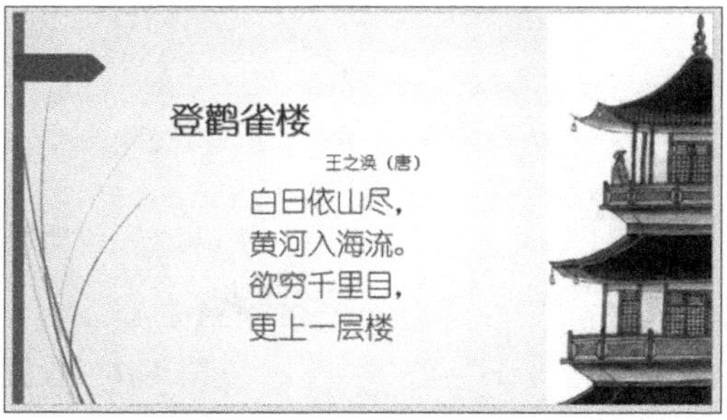

图 4-14　插入图片效果

（2）设置幻灯片的背景。

1）为第 3 张幻灯片设置图片背景。在演示文稿“诗词欣赏”中，选择第 3 张幻灯片，功能区切换至“设计”，在“自定义”组中单击“设置背景格式”按钮，打开“设置背景格式”窗格，如图 4-15 所示。

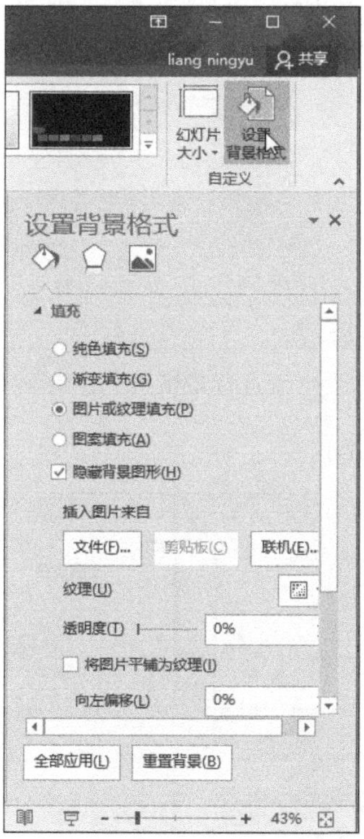

图 4-15　“设置背景格式”窗格

在“填充”选项下，选中“图片或纹理填充”单选按钮，然后单击“插入图片来自”下的“文件”按钮，从弹出的“插入图片”对话框中选择作为背景的图片，则该图片作为“背景”插入到当前幻灯片中。为了画面美观，在“设置背景格式”窗格中选中“隐藏背景图形”复选框。幻灯片完成效果如图 4-16 所示。

图 4-16　设置幻灯片的背景效果

2）为第 2 张幻灯片设置纯白色背景。选择第 2 张幻灯片，打开“设置背景格式”窗格。在“填充”选项中，单击“纯色填充”单选按钮，“颜色”选择为“白色 背景 1”，如图 4-17 所示。这样使幻灯片的背景与图片背景颜色接近。

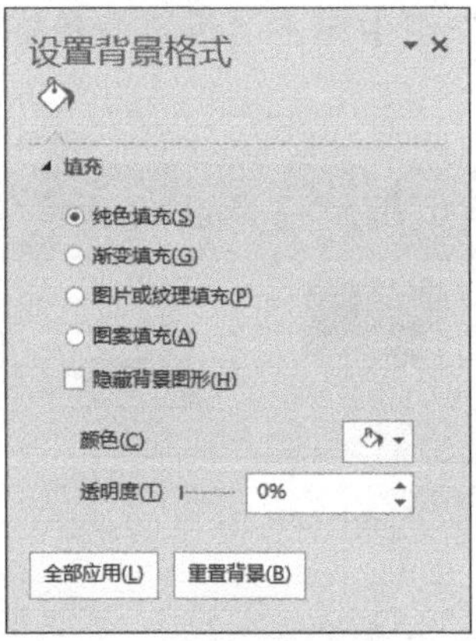

图 4-17　“设置背景格式”窗格-纯色填充

项目 1.1 完成效果如图 4-18 所示。

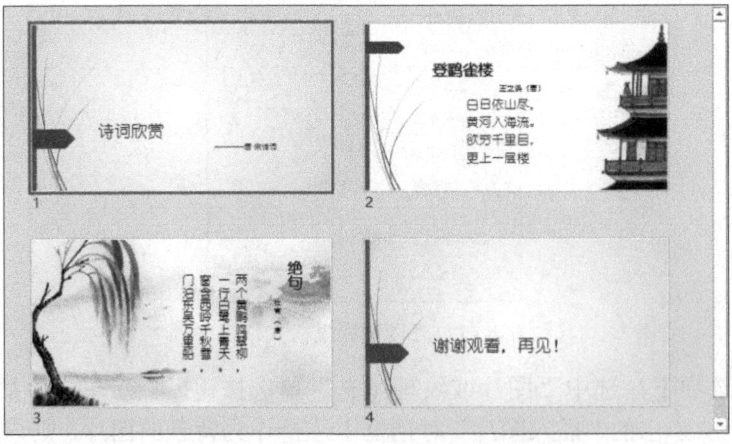

图 4-18　“诗词欣赏”完成效果

项目 1.2：“我的大学”演示文稿的制作

【操作要求】

（1）幻灯片的版式与主题的使用。创建新演示文稿，选择幻灯片主题为“平面”，将标题幻灯片的文字设置为艺术字。

（2）幻灯片母版的设置。制作第 2 张幻灯片——“目录”幻灯片。

（3）艺术字、图片与图形的插入。设置母版并制作第 3 张幻灯片——“校训”幻灯片。

（4）插入与编辑表格；制作第 4 张幻灯片——“校园美景”幻灯片。

（5）插入与编辑 SmartArt 图形。制作第 5 张幻灯片——“我的课程表”幻灯片。

（6）插入声音与视频。制作第 6 张幻灯片——“专业设置”幻灯片。

【操作步骤】

1. 制作第 1 张幻灯片——标题幻灯片

创建新演示文稿，选择幻灯片主题为“平面”，将标题幻灯片的文字设置为艺术字。

（1）启动 PowerPoint 2016，在主题选择列表中，选择“平面”主题，如图 4-19 所示。单击“创建”按钮，则创建主题为“平面”的演示文稿，保存演示文稿文件，命名为“我的大学”，如图 4-20 所示。

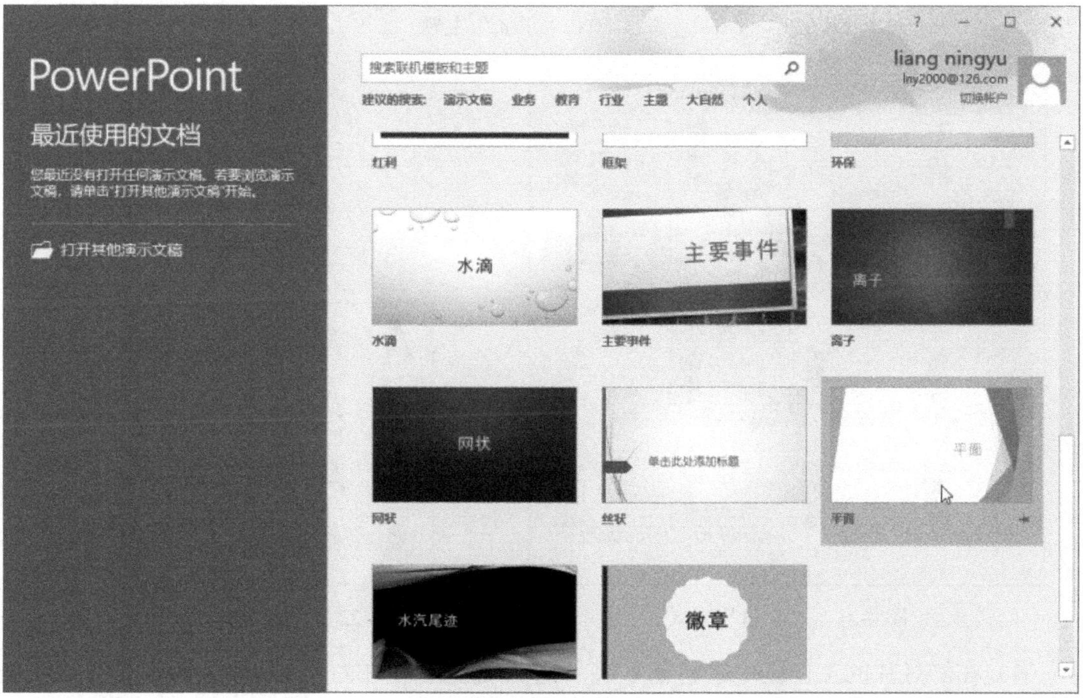

图 4-19　选择主题窗口

（2）功能区切换至“开始”，在“幻灯片”组中，单击“版式”右侧的下拉按钮，打开“版式”选择列表，选择“空白”版式，如图 4-21 所示。将当前幻灯片的版式设置为“空白”。

（3）功能区切换至“插入”，单击“文本”组中的“艺术字”，选择一种艺术字样式，如图 4-22 所示。

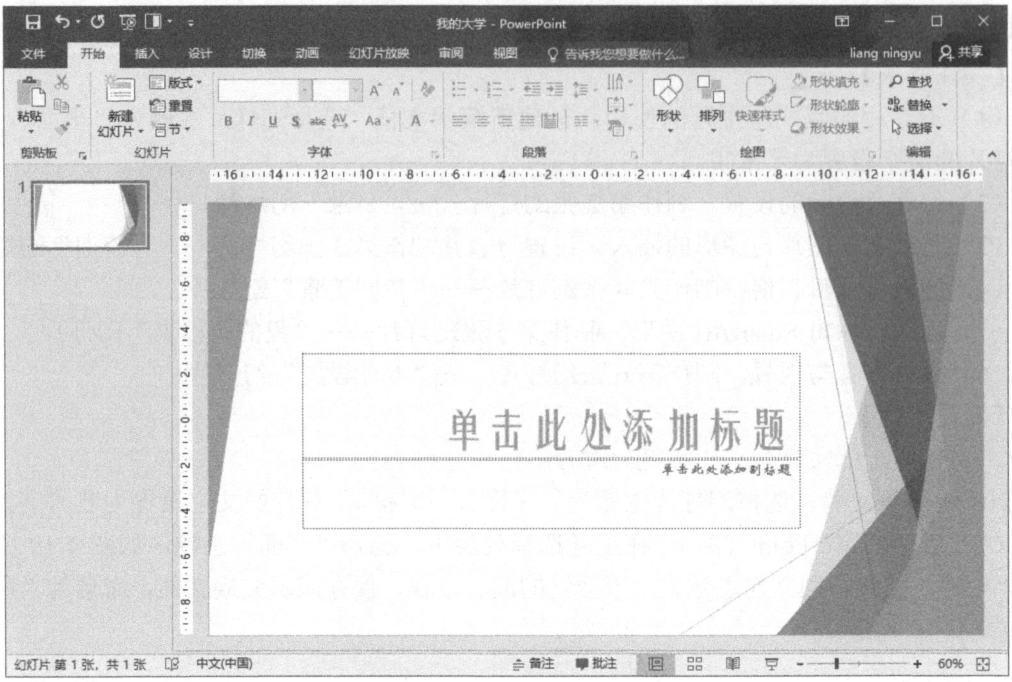

图 4-20　“平面”主题

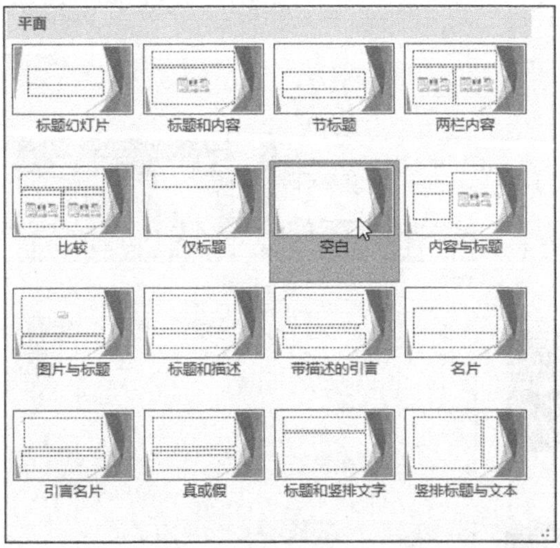

图 4-21　“空白”版式

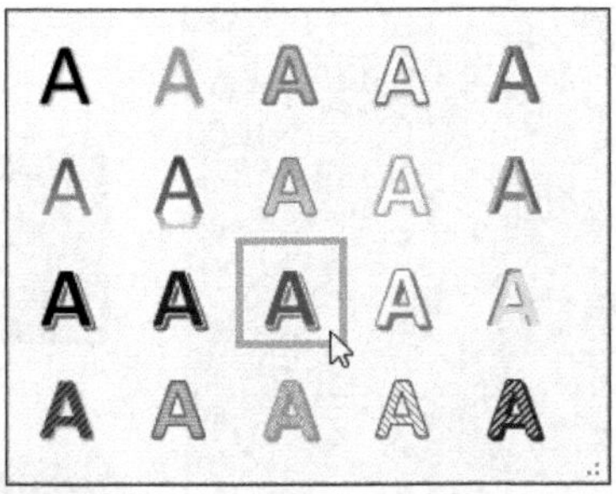

图 4-22　“艺术字”选择列表

（4）在幻灯片的工作区中，将艺术字“请在此放置您的文字”修改为标题文字“我美丽的学校”，调整字号大小为“80”。

（5）选中艺术字，功能区切换至“绘图工具”，在“格式”选项卡，从“艺术字样式”组中，选择“文本效果”下的“转换”命令，在转换列表中选择“上弯弧”效果，如图 4-23 所示。

（6）功能区切换至“设计”，在“自定义”组中，单击“设置背景格式”，弹出“设置背景格式”窗格，在“填充”选项中，勾选“渐变填充”单选按钮，如图 4-24 所示。

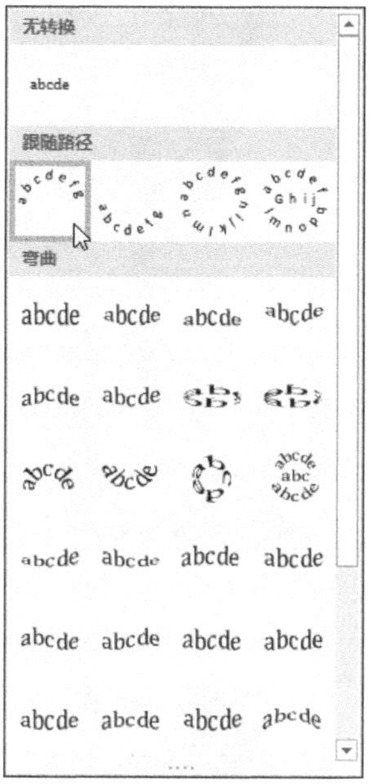

图 4-23　艺术字样式列表

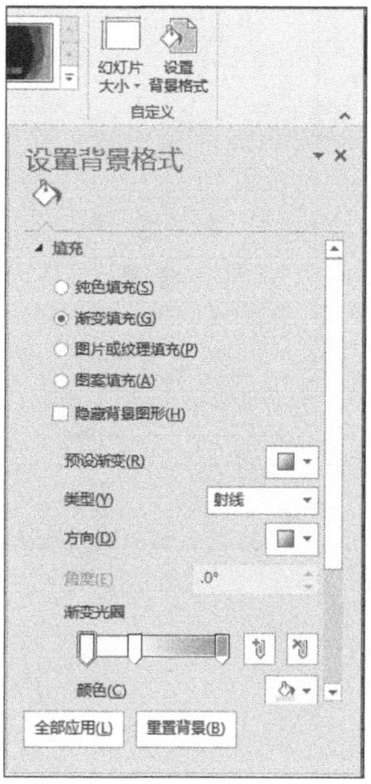

图 4-24　“设置背景格式”窗格

调整艺术字的位置，幻灯片完成效果如图 4-25 所示。

图 4-25　第 1 张幻灯片完成效果

2. 制作第 2 张幻灯片——“目录”幻灯片

（1）功能区切换至“开始”，单击“新建幻灯片”右侧的下拉按钮，从展开的版式列表中选择“空白幻灯片”。

（2）功能区切换至“开始”，在“绘图”组中，从“形状”样式中选择“圆角矩形”，插入到幻灯片中。设置“形状填充”为“无填充颜色”，“形状效果”为“阴影-右下斜偏移”。右击形状，从快捷菜单中选择“编辑文字”，在形状中输入文字“目录”，设置为“华文新魏、40 号”。添加线条分割线，如图 4-26 所示。

（3）功能区切换至“插入”，在“文本”组中单击“文本框”，选择“横排文本框”，在幻灯片上插入文本框，输入文字，如图 4-27 所示。

（4）选中文本框，功能区切换至“开始”，在“段落”组中单击“转换为 SmartArt”右侧的下拉按钮，打开选择 SmartArt 图形列表，如图 4-28 所示。

（5）选择“垂直图片重点列表”，更改颜色，调整大小，幻灯片完成效果如图 4-29 所示。

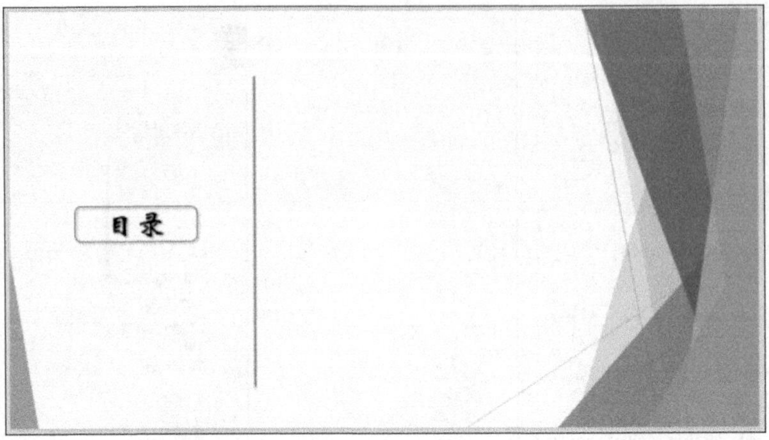

图 4-26　插入形状

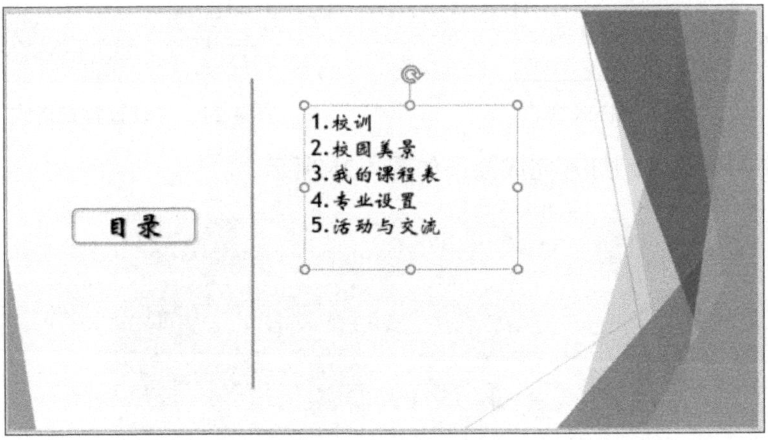

图 4-27　插入文本框

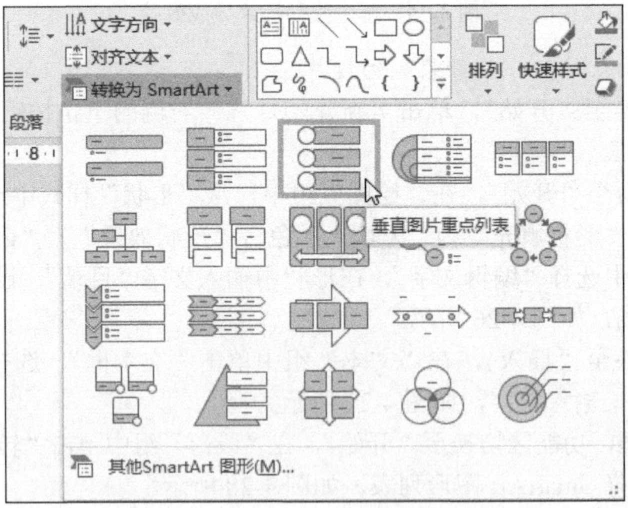

图 4-28　“转换为 SmartArt”图形列表

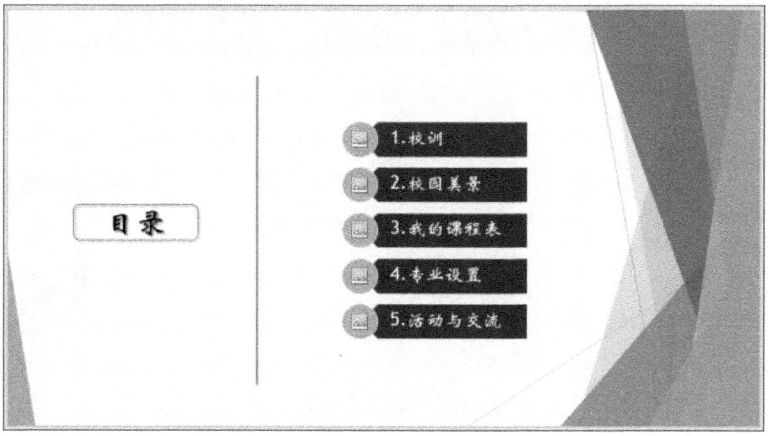

图 4-29 “垂直图片重点列表”效果

3. 设置母版并制作第 3 张幻灯片——“校训”幻灯片

（1）功能区切换至“视图”，单击“幻灯片母版”按钮，转换到“幻灯片母版”视图。在左侧的幻灯片母版缩略图中，选择第 1 张母版，如图 4-30 所示。

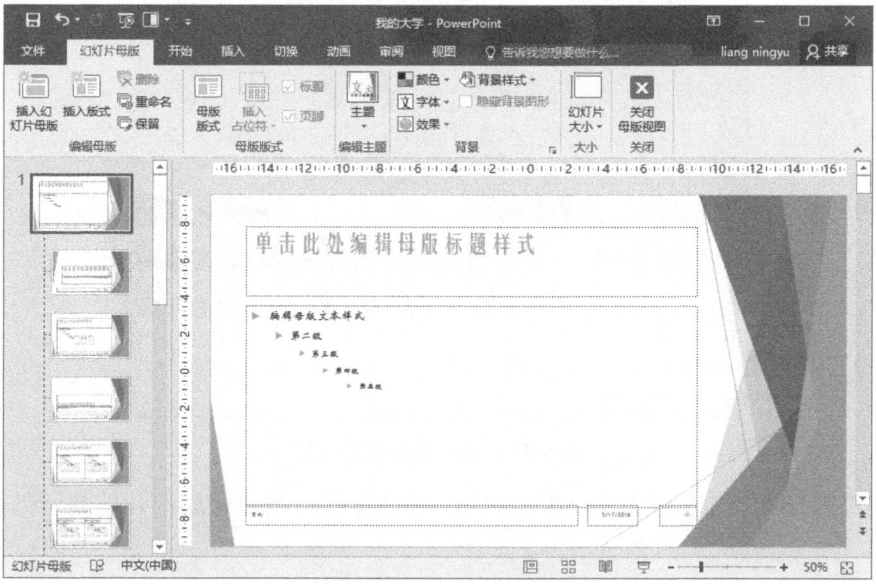

图 4-30 幻灯片母版窗口

（2）单击母版标题样式区，设置标题样式为黑体、40 号，字体颜色为深绿、深色 50%；在幻灯片母版文本样式区中，设置第一级文本样式字号为 24 号，第二级文本样式字号为 18 号。

（3）在母版中插入图片。功能区切换至“插入”，单击“图片”右侧的下拉按钮，插入校徽图片，放到幻灯片左上角，如图 4-31 所示。

（4）插入背景图片。再插入一张作为幻灯片背景的图片，选中图片，单击“图片工具”的“格式”选项卡，在“调整”组中设置“颜色”为“灰色 25%”，如图 4-32 所示。然后在“图片样式”组中设置“图片效果”为“柔化边缘 10 磅”。调整图片的位置和大小。

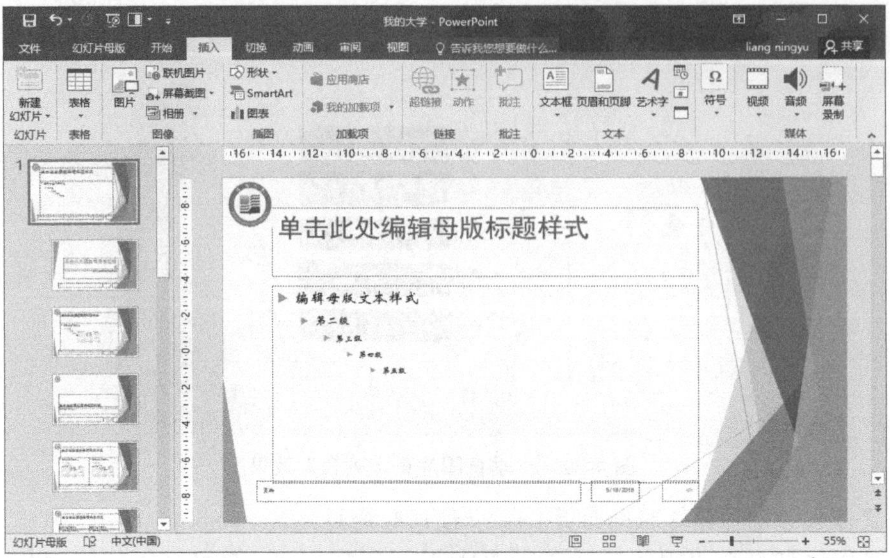

图 4-31　母版插入图片

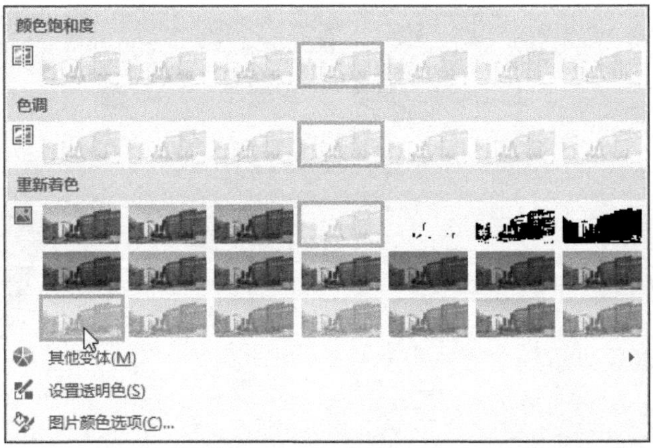

图 4-32　图片调整效果列表

关闭幻灯片母版，完成幻灯片母版的设置。修改母版后第 2 张幻灯片的显示效果如图 4-33 所示。

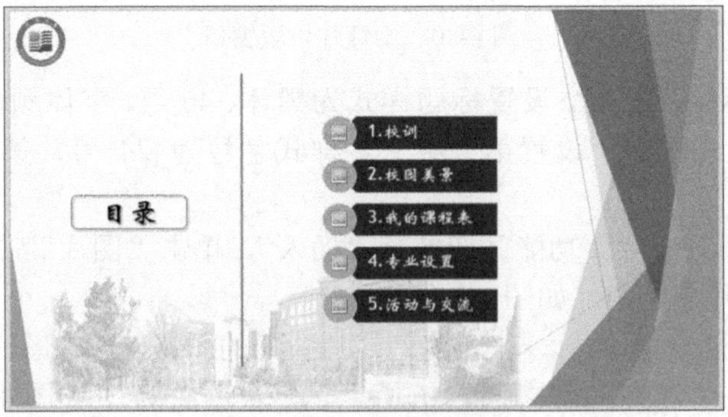

图 4-33　母版修改效果

（5）制作第 3 张幻灯片——“校训”幻灯片。新建幻灯片，幻灯片的版式选择为“比较”。在标题占位符中输入“校训”；在文本小标题和文本内容占位符中依次输入相关内容，则幻灯片按照母版的设置安排版面。幻灯片完成效果如图 4-34 所示。

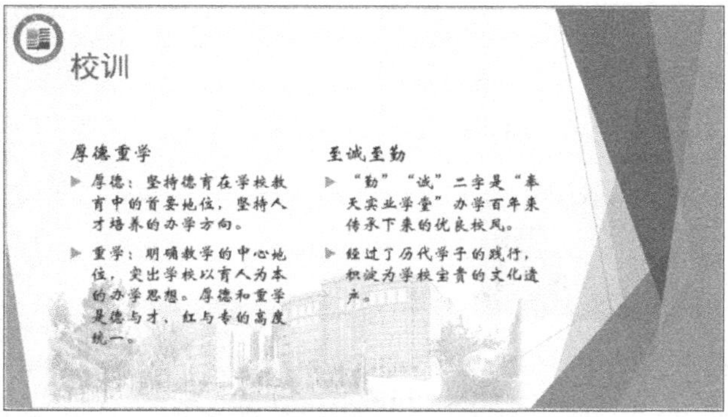

图 4-34　第 3 张幻灯片完成效果

4. 制作第 4 张幻灯片——“校园美景”幻灯片

（1）新建幻灯片，版式选择为“标题和内容”，在标题中输入“校园美景”；在文本内容中输入相关内容，调整文本框的大小和位置，如图 4-35 所示。

图 4-35　调整文本框

（2）功能区切换至“插入”，单击“图片”右侧的下拉按钮，选择准备好的 2 张图片，插入到幻灯片中，调整图片的大小和位置，如图 4-36 所示。

图 4-36　插入多张图片

（3）选择左侧图片，打开“图片工具”的“格式”选项卡，在“图片样式”组中，单击打开“图片效果”列表，选择“柔化边缘”为“10 磅”；再选择右侧图片，从“图片样式”列表中选择“剪去对角，白色”，完成效果如图 4-37 所示。

图 4-37　设置图片样式

（4）功能区切换至“插入”，单击“形状”右侧的下拉按钮，在打开的“形状”列表中，选择“圆角矩形标注”，如图 4-38 所示。在幻灯片上拖动插入该形状，从形状的“格式”选项卡中，设置“形状填充”为“渐变”，在“渐变”列表中选择“线性向下”，如图 4-39 所示。

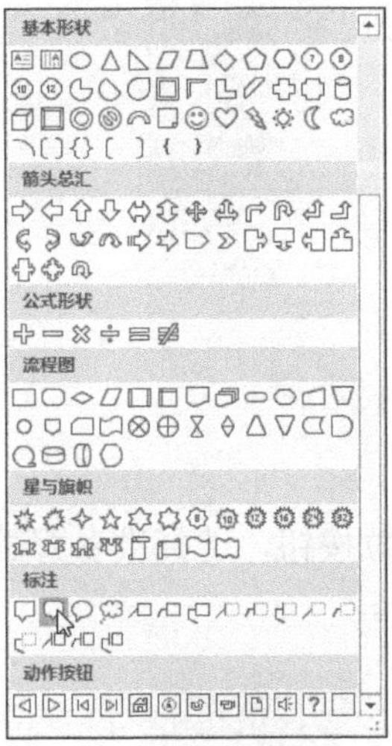

图 4-38　“基本形状”列表

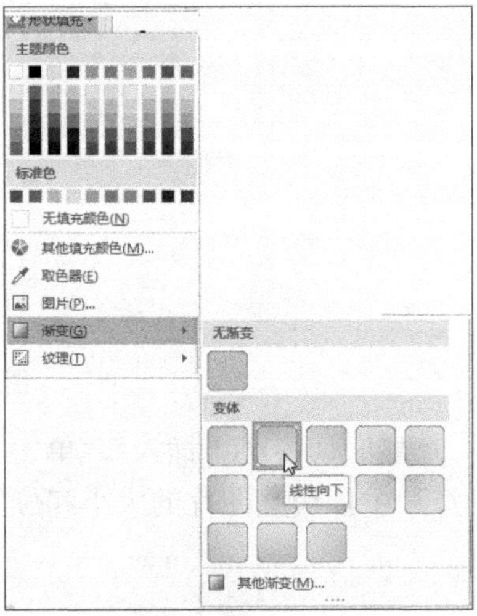

图 4-39　设置形状填充颜色

右击形状，选择“编辑文字”，在形状中输入相应文字。调整文字的字号和对齐方式，调整形状的大小和位置。复制生成第 2 个形状，修改文字内容。幻灯片完成效果如图 4-40 所示。

5. 制作第 5 张幻灯片——“我的课程表”幻灯片

（1）新建幻灯片，版式选择为“标题和内容”，在标题中输入“我的课程表”；在内容区单击“插入表格”命令按钮，如图 4-41 所示。在弹出的“插入表格”对话框中输入 4 行 4 列，单击“确定”按钮，则在幻灯片中插入表格。

在表格中输入文字内容，设置表格文字格式为黑体、24 号、居中对齐，如图 4-42 所示。

图 4-40　第 4 张幻灯片完成效果

图 4-41　“插入表格”命令按钮

图 4-42　输入表格内容

（2）绘制表格框线。选中表格，单击“表格工具”的“设计”选项卡，在“绘制边框”组中，设置框线宽度为 1.0 磅；在“表格样式”组中，打开“边框”选择列表，设置该宽度为表格的“内部框线”；再将框线宽度设置为 2.25 磅，将该线宽分别用于表格的上框线、下框线，如图 4-43 所示。

图 4-43　设置表格框线

（3）绘制斜线表头。将光标置于第 1 行第 1 列的单元格中，从“边框”下拉列表中选择“斜下框线”，输入文字内容，设置文字对齐。完成效果如图 4-44 所示。

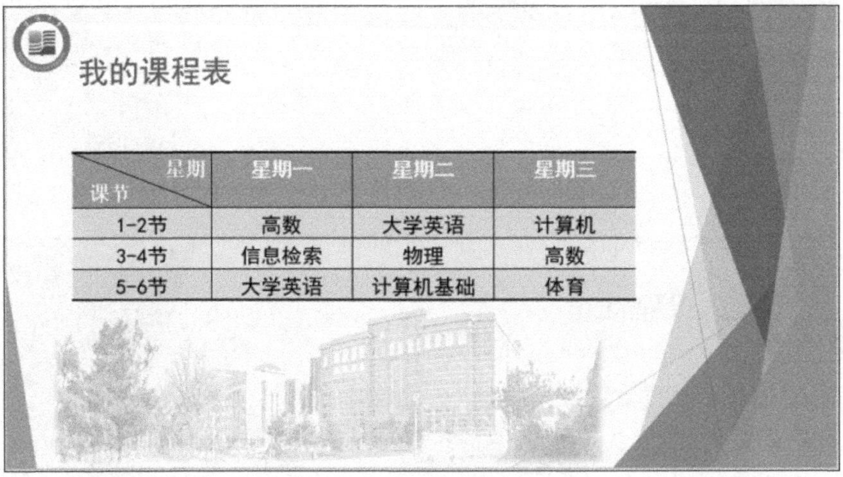

图 4-44　绘制斜线表头

6. 制作第 6 张幻灯片——“专业设置”幻灯片

（1）新建幻灯片，版式选择为“标题和内容”，在标题中输入“专业设置”；在内容区单击“插入 SmartArt 图形”命令按钮，在弹出的“选择 SmartArt 图形”对话框中，选择“层次结构”中的“组织结构图”，如图 4-45 所示，单击“确定”按钮，在幻灯片上插入了 SmartArt 图形，如图 4-46 所示。

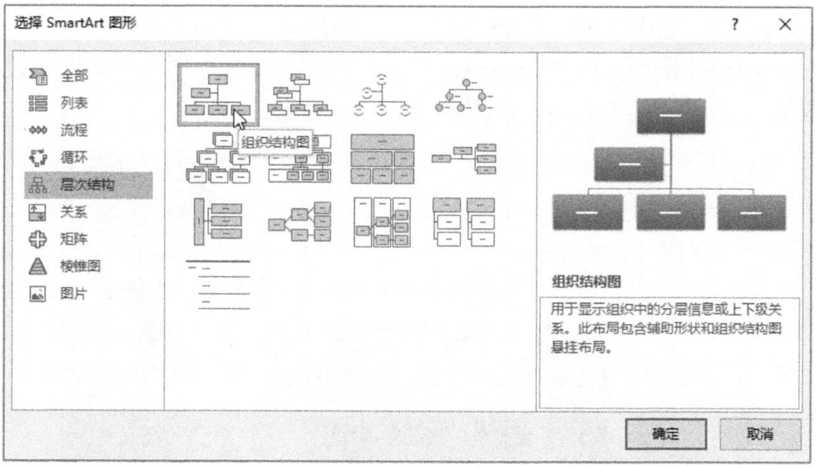

图 4-45 “选择 SmartArt 图形”对话框

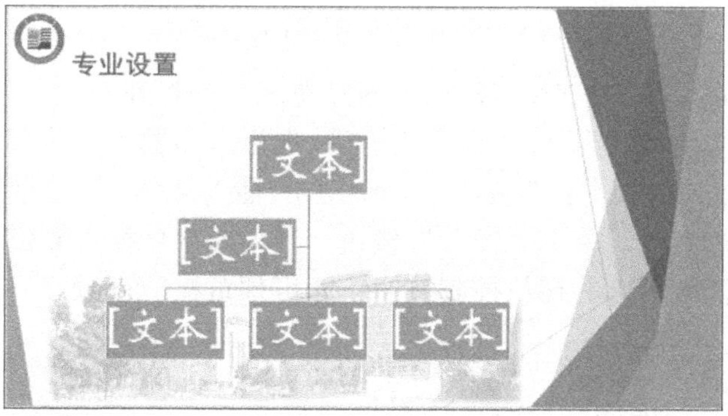

图 4-46 插入 SmartArt 图形

（2）选择插入的 SmartArt 图形，单击“SmartArt 工具”下的“设计”选项卡，在“创建图形”组中，单击“添加形状”右侧的下拉按钮，打开“添加形状”列表，如图 4-47 所示，按需要添加相应形状；选中形状，按 Delete 键，可以删除。添加形状后，在形状中输入文字，效果如图 4-48 所示。

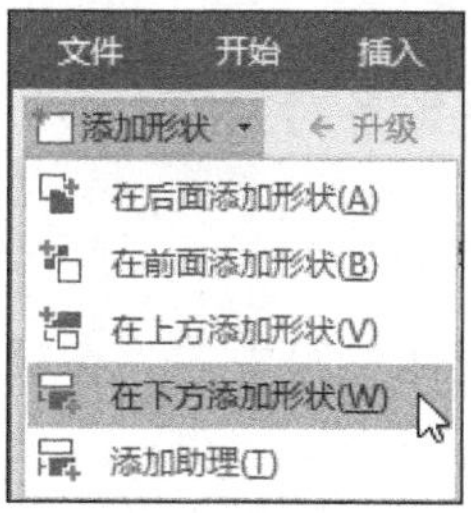

图 4-47 “添加形状”列表

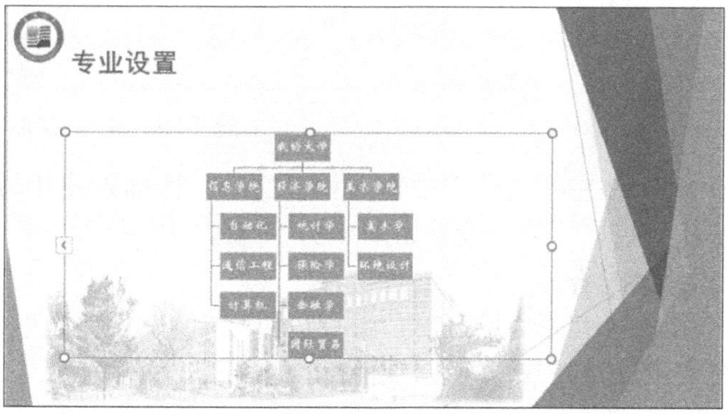

图 4-48 添加形状效果

（3）选中形状“信息学院”，在“SmartArt 工具”的“设计”选项卡，单击打开“布局”

列表，选择“左悬挂”；选中形状“经济学院”，布局选择“两者”。

（4）选中 SmartArt 图形，在“SmartArt 工具”的“格式”选项卡中，选择艺术字样式“填充-黑色，文本 1，阴影”。幻灯片完成效果如图 4-49 所示。

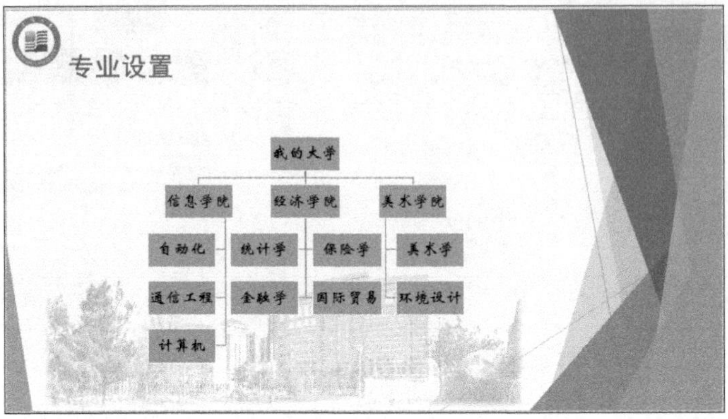

图 4-49　第 6 张幻灯片完成效果

7. 制作第 7 张幻灯片——“校园活动与国际交流”幻灯片

（1）新建幻灯片，版式选择为“两栏内容”，在标题中输入“校园活动与国际交流”。单击右侧占位符中的“插入视频文件”按钮，在弹出的“插入视频”对话框中，选择“来自文件”，从本机中选择一个视频文件，单击“插入”按钮，则视频文件插入到幻灯片中，如图 4-50 所示。选中视频，单击视频下方的播放控制按钮，即可预览播放视频。

图 4-50　插入视频

（2）在左侧占位符中输入相关文字，再插入图片与线条，调整各对象的大小和位置，旋转图片，幻灯片完成效果如图 4-51 所示。

8. 插入音频

（1）选择第 1 张幻灯片，功能区切换至“插入”，单击“媒体”组中的“音频”下方的下拉按钮，打开下拉列表，如图 4-52 所示。

（2）选择“PC 上的音频”命令，弹出“插入音频”对话框，选中要插入的音频文件，单击“插入”按钮，则该音频文件插入到幻灯片中，如图 5-53 所示。插入音频后，在幻灯片上将显示一个表示音频文件的“小喇叭”图标，指向或单击该图标，将出现音频控制栏。单击“播放”按钮，可播放声音，并在控制栏中看到声音播放进度。

图 4-51　第 7 张幻灯片完成效果

图 4-52　“音频”下拉列表

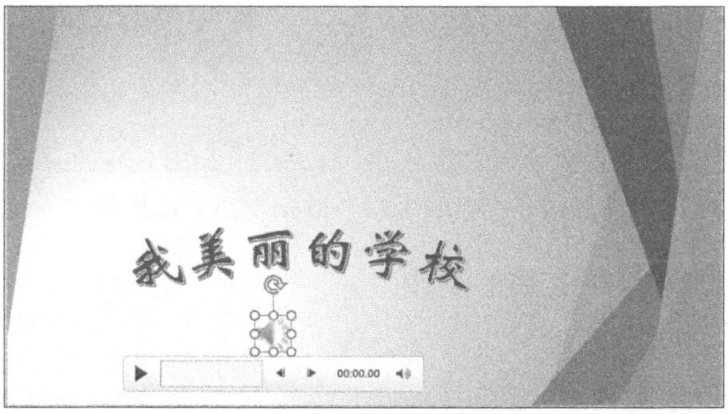

图 4-53　插入音频

（3）音频的设置。选中音频图标，单击打开“音频工具”下的“播放”选项卡，如图 4-54 所示。

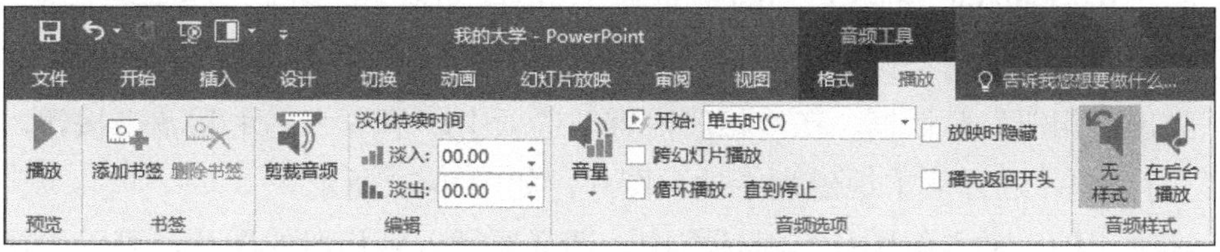

图 4-54　“音频工具-播放”选项卡

设置“淡入”和“淡出”的持续时间为 01.50 秒；开始方式为“自动”；勾选“跨幻灯片播放”和“放映时隐藏”复选框，如图 4-55 所示。

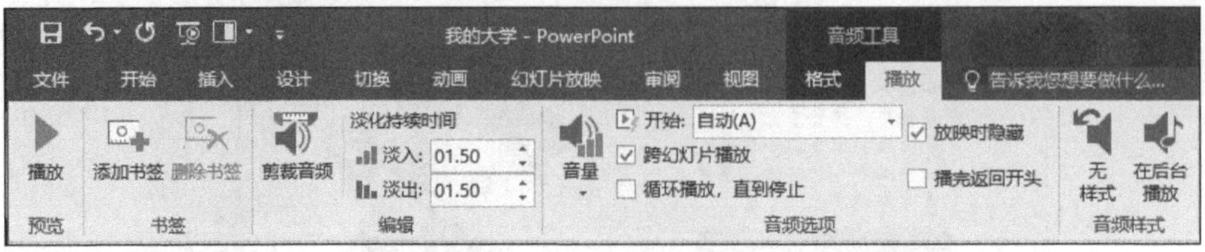

图 4-55　音频播放设置

播放幻灯片，观察效果。

演示文稿“我的大学”完成效果如图 4-56 所示。

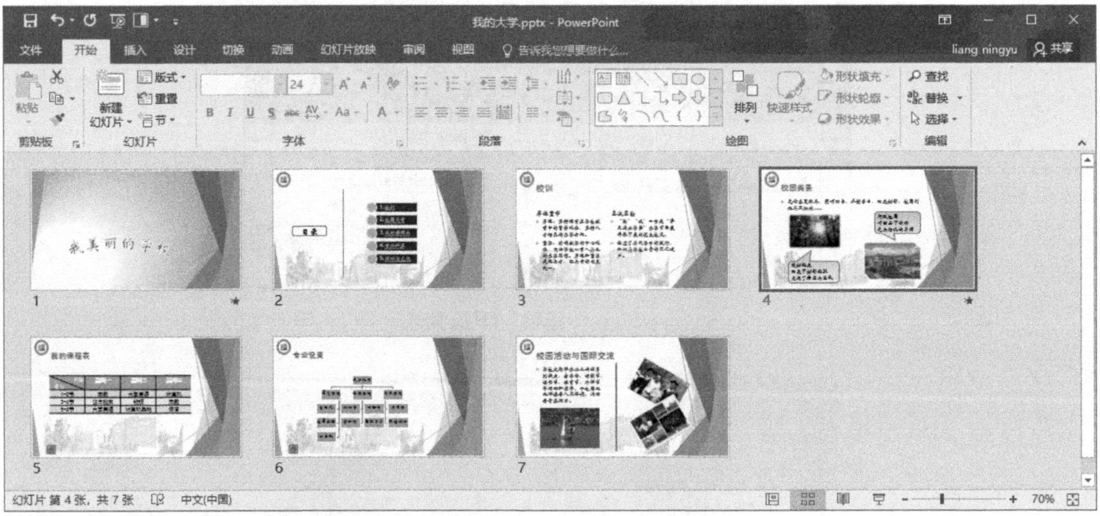

图 4-56　“我的大学”演示文稿完成效果

项目 1.3：“我的相册”演示文稿的制作

【操作要求】

（1）相册的创建和使用。

（2）设置演示文稿的页眉与页脚。

【操作步骤】

1. 创建相册

（1）启动 PowerPoint，创建空白演示文稿，功能区切换至“插入”，单击“图像”组的“相册”下方的下拉按钮，在打开的下拉列表中，选择“新建相册”命令，如图 4-57 所示。

（2）弹出“相册”对话框，在“相册内容”选项中，单击“文件/磁盘”按钮，弹出“插入新图片”对话框，选择从本地磁盘中插入图片，如图 4-58 所示。

（3）在弹出的“插入新图片”对话框中，选择要插入到相册的图片，可以选择一张或多张图片，如图 4-59 所示。

图 4-57 “新建相册”选项

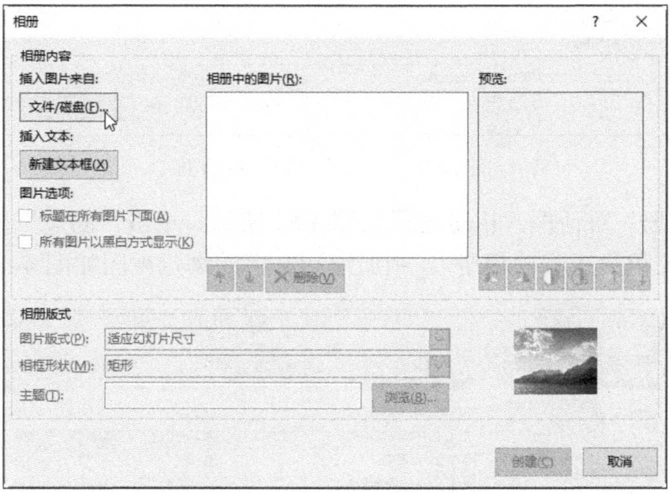

图 4-58 “相册”对话框

图 4-59 “插入新图片”对话框

（4）单击“插入”按钮，返回“相册”对话框，在“相册版式”选项中，设置“图片版式”为“2 张图片”，“相框形状”为“圆角矩形”，然后再单击“主题”文本框右侧的“浏览”按钮，弹出“选择主题”对话框，选择主题为 Integral 后，单击“选择”按钮，如图 4-60 所示。

图 4-60　“选择主题”对话框

（5）返回“相册”对话框，相册设置如图 4-61 所示。单击“创建”按钮，则生成相册演示文稿，保存演示文稿为“我的相册”。相册演示文稿的浏览视图如图 4-62 所示。

图 4-61　相册设置

2. 设置页眉与页脚

（1）打开演示文稿“我的相册”，功能区切换至“插入”，单击“文本”组的“页眉和页脚”按钮，如图 4-63 所示。

（2）在弹出的“页眉和页脚”对话框中，选择“幻灯片”选项卡，在“幻灯片包含内容”选项中，勾选“日期和时间”复选框，并勾选“自动更新”单选按钮；选中“幻灯片编号”“页脚”复选框，在“页脚”文本框中输入“世界风光”，并选中“标题幻灯片中不显示”，如图 4-64 所示。

（3）单击“全部应用”按钮，返回幻灯片。适当调整文字格式和位置，完成效果如图 4-65 所示。

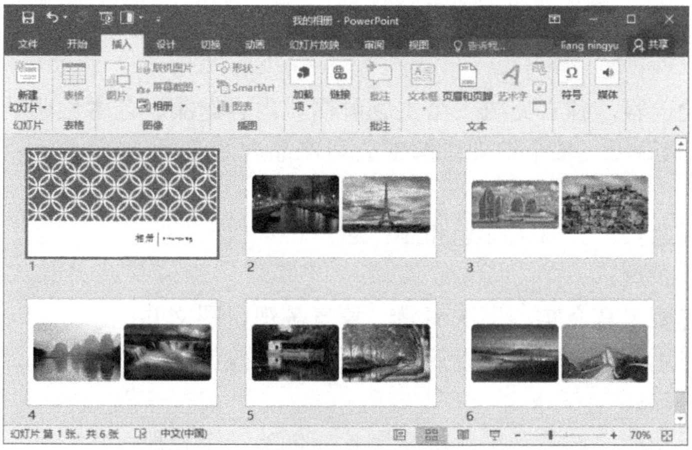

图 4-62　“我的相册”完成效果

图 4-63　“插入”选项卡

图 4-64　“页眉和页脚”对话框

图 4-65　“页眉和页脚”设置效果

三、项目练习

（1）参照实验内容，独立完成一个主题鲜明、内容健康、艺术性强的演示文稿（如我的大学生活、个人求职简历、某个培训讲解或公司产品介绍等）。

要求：

1）第 1 张为标题页，含有主标题和副标题。

2）第 2 张为目录页。

3）幻灯片内容要丰富充实、层次清楚、背景美观、图文并茂。

4）幻灯片要采用不同的版式和设计主题，编辑修改母版，插入文本、图片、艺术字、表格、图表及多媒体信息。

（2）使用相册功能，按某一主题搜索图片，创建一个相册。

项目 2　PowerPoint 的高级操作

一、学习目标

（1）掌握幻灯片的切换设置方法。

（2）掌握幻灯片的动画设置方法。

（3）掌握动作按钮和超链接的设置与使用方法。

（4）掌握演示文稿放映方式的设置方法。

（5）掌握演示文稿的保存与输出方法。

二、项目内容及步骤

项目 2.1：设置幻灯片的切换效果

【操作要求】

（1）添加切换效果。选择切换效果为“推进”，设置第 3 张幻灯片的切换效果为“摩天轮”，设置第 4 张幻灯片的切换效果为“帘式”。

（2）设置切换效果。第 1 张幻灯片的效果为“自左侧”，即让幻灯片切换的“推进”效果自左侧开始；第 2 张幻灯片，设置切换时的声音效果为“风铃”。

（3）切换效果用于多张幻灯片。选择幻灯片切换效果为“涟漪”。

【操作步骤】

1. 添加切换效果

（1）打开演示文稿“诗词欣赏”，选中第 1 张幻灯片，功能区切换至“切换”，在“切换到此幻灯片”组中，选择切换效果为“推进”，如图 4-66 所示。

设置后，在幻灯片的浏览窗格中，可以看到切换效果标志，单击“切换”选项卡下的“预览”按钮，查看切换效果。如图 4-67 所示。

（2）选择第 2 张幻灯片，功能区切换至“切换”，单击其样式列表的“其他”按钮，打开“切换”样式列表，选择“时钟”效果，如图 4-68 所示。采用同样的方法，设置第 3 张幻灯片切换效果为“摩天轮”，设置第 4 张幻灯片切换效果为“帘式”。

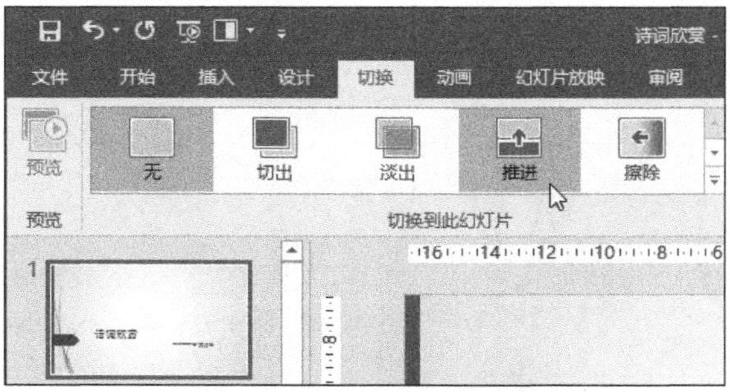

图 4-66　切换效果选择

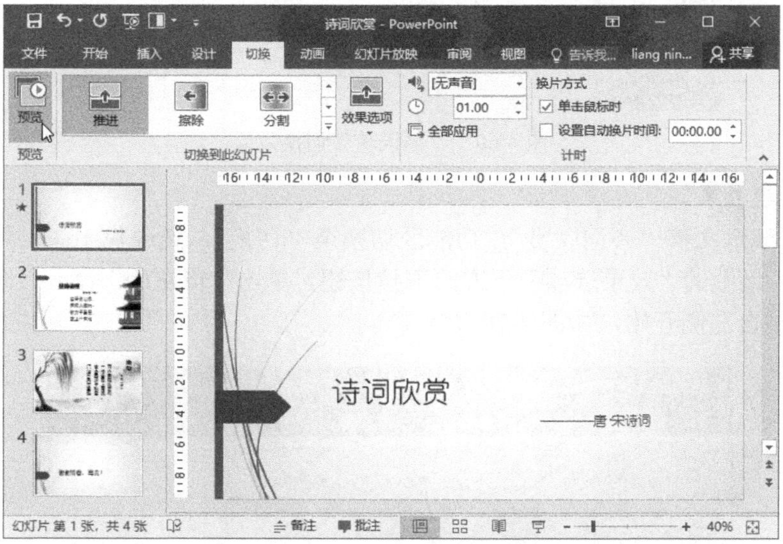

图 4-67　预览切换效果

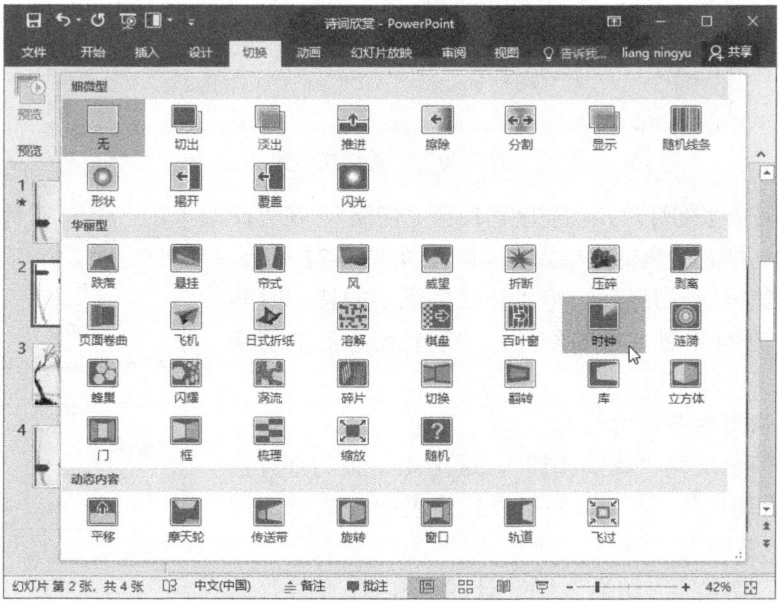

图 4-68　“切换”样式列表

（3）放映幻灯片，观看切换效果。第 3 张幻灯片切换效果“摩天轮”的动态变化，如图 4-69 所示。

图 4-69 “摩天轮”切换效果

2. 设置切换效果

（1）打开演示文稿“诗词欣赏”，功能区切换至“切换”，选中第 1 张幻灯片，单击“切换到此幻灯片”组中的“效果选项”下方的下拉按钮，单击“自左侧”命令，即让幻灯片切换的“推进”效果自左侧开始，如图 4-70 所示。

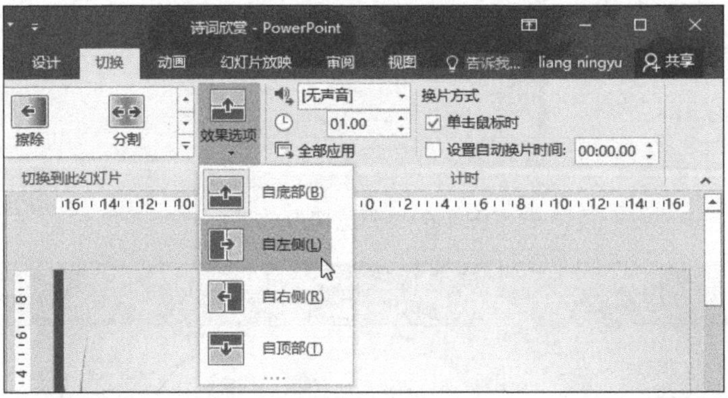

图 4-70 设置切换效果

（2）选中第 2 张幻灯片，功能区切换至“切换”，在“计时”组中，设置切换时的声音效果为“风铃”，如图 4-71 所示。

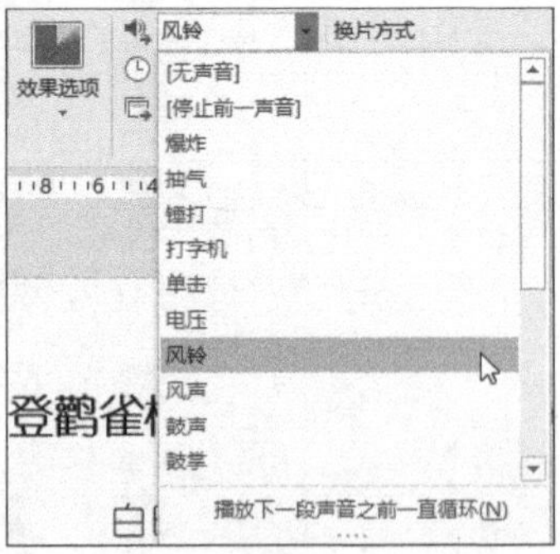

图 4-71 设置切换声音效果

（3）选中第 4 张幻灯片，将“计时”组中的持续时间改为 04.00，即改为 4 秒。放映幻灯片，观看修改后的切换效果。

3. 切换效果用于多张幻灯片

（1）打开演示文稿“我的相册”，选中第 1 张幻灯片，功能区切换至“切换”，从“切换”样式列表中，选择幻灯片切换效果为“涟漪”。

（2）功能区切换至“切换”，在“计时”组中，单击“全部应用”按钮，如图 4-72 所示，则该切换效果应用于演示文稿的所有幻灯片。

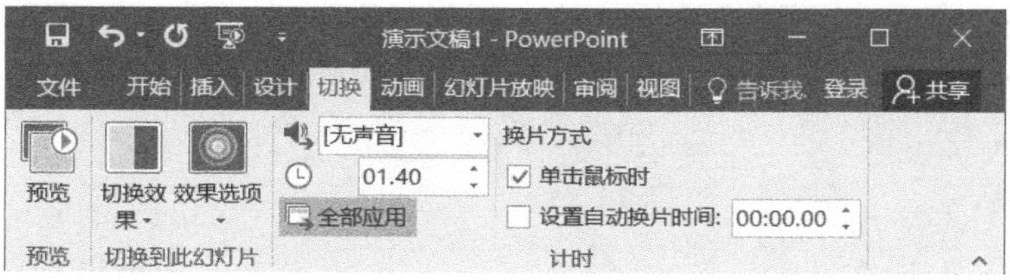

图 4-72　切换效果用于全部幻灯片

（3）放映演示文稿，观察切换效果。

项目 2.2：设置幻灯片的动画效果

【操作要求】

（1）添加动画效果。在第 1 张幻灯片中设置艺术字“我美丽的学校”的动画为“旋转”，在“动画”组中单击“其他”按钮，打开动画效果列表。

（2）设置动画效果。演示文稿“我的大学”中，选择第 4 张幻灯片“校园美景”，单击选中左侧图片，从动画效果列表中选择“飞入”。

【操作步骤】

1. 添加动画效果

打开演示文稿“我的大学”，在第 1 张幻灯片中，选择艺术字“我美丽的学校”，功能区切换至“动画”，在“动画”组中单击“其他”按钮，打开动画效果列表，设置艺术字的动画为“旋转”，如图 4-73 所示。

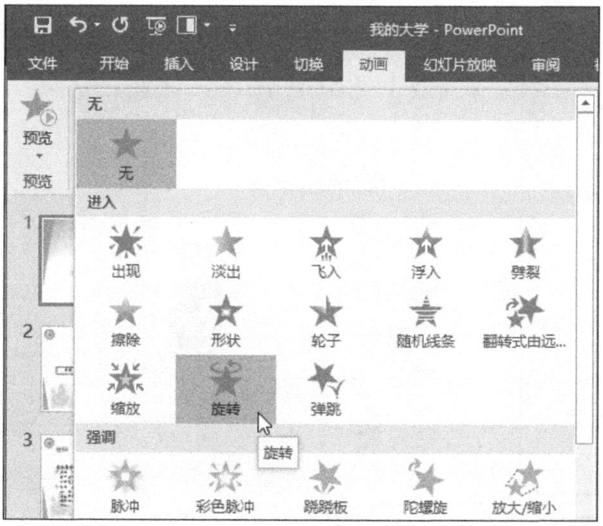

图 4-73　动画效果列表

单击“预览”按钮，查看效果。

2. 设置动画效果

（1）在演示文稿“我的大学”中，选择第 4 张幻灯片“校园美景”，选中左侧图片，从动画效果列表中选择“飞入”。单击“动画”组的“效果选项”按钮，从打开的列表中选择飞入方向为“自左侧”，如图 4-74 所示。

图 4-74　设置动画效果

（2）选中左下方的形状，设置动画效果为“擦除”，方向为“自底部”。

（3）选中右侧图片，单击动画效果列表下方的“更多进入效果”命令，弹出“更改进入效果”对话框，如图 4-75 所示，选择“十字形扩展”效果，“效果选项”的“方向”为“切入”，“形状”为“加号”，如图 4-76 所示。

图 4-75　“更改进入效果”对话框

图 4-76　设置动画效果——十字形扩展

（4）选中右侧形状，设置动画效果为“劈裂”，方向为“中央向左右扩展”。功能区切换至“动画”，单击左侧的“预览”按钮，查看动画设置效果。

项目 2.3：动作按钮、超链接的使用

【操作要求】

（1）动作按钮的使用。在“我的大学”选择第 5 张幻灯片（我的课程表），插入“形状”按钮，设置超链接到“第一张幻灯片”。

（2）插入超链接。在演示文稿“我的大学”中，单击第 2 张幻灯片，插入 “超链接”，建立的指向本文档内幻灯片的超链接。

【操作步骤】

1. 动作按钮的使用

（1）打开演示文稿“我的大学”，选择第 5 张幻灯片（我的课程表），功能区切换至“插入”，在“插图”组中，单击“形状”下方的下拉按钮，在打开的下拉列表中找到“动作按钮：第一张”，如图 4-77 所示。

（2）单击“动作按钮：第一张”，在幻灯片中按住鼠标左键拖动，绘制出该按钮，松开鼠标后，自动弹出“操作设置”对话框，在“单击鼠标”选项卡下，单击“超链接到：”单选按钮，并在下拉列表中选择“第一张幻灯片”，如图 4-78 所示。

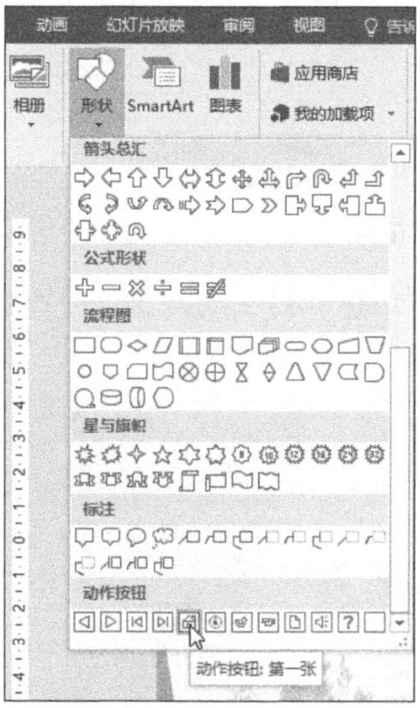

图 4-77　插入动作按钮

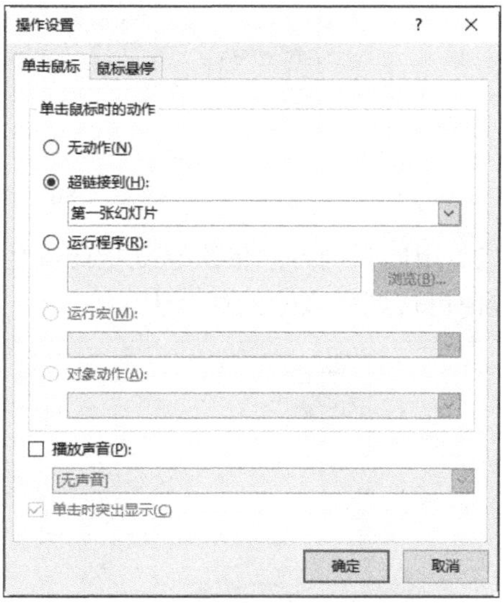

图 4-78　“操作设置”对话框

（3）单击“确定”按钮，则在幻灯片上添加了动作按钮。将该动作按钮复制到第 6 张幻灯片上，则在第 5、第 6 张幻灯片的左下角都添加了动作按钮，如图 4-79 所示。

图 4-79　添加动作按钮

播放幻灯片，单击动作按钮，就可以跳转到第一张幻灯片上。

2. 插入超链接

（1）在演示文稿“我的大学”中，单击第 2 张幻灯片，选中右侧形状中的文字“校训”，功能区切换至“插入”，单击“链接”组中的“超链接”按钮，在弹出的“插入超链接”对话框中，从左侧“链接到”列表中选择“本文档中的位置”，再从文档中选择幻灯片“3.校训”，如图 4-80 所示，单击“确定”按钮，则建立指向本文档内幻灯片的超链接。

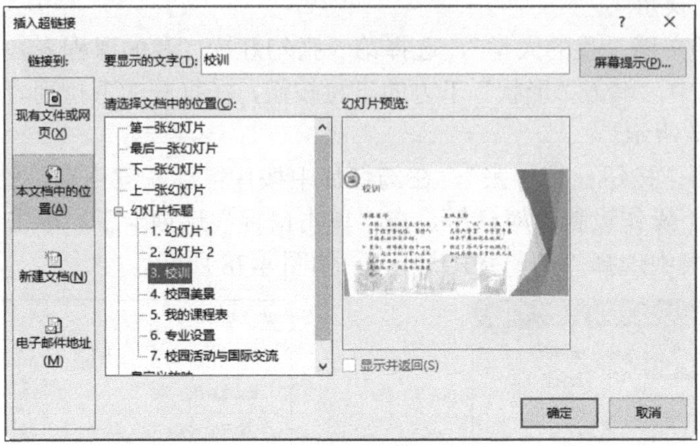

图 4-80 “插入超链接”对话框

（2）用同样的方法依次建立指向其他页的超链接，如图 4-81 所示。幻灯片播放时，单击超链接便可转到相应的幻灯片上。

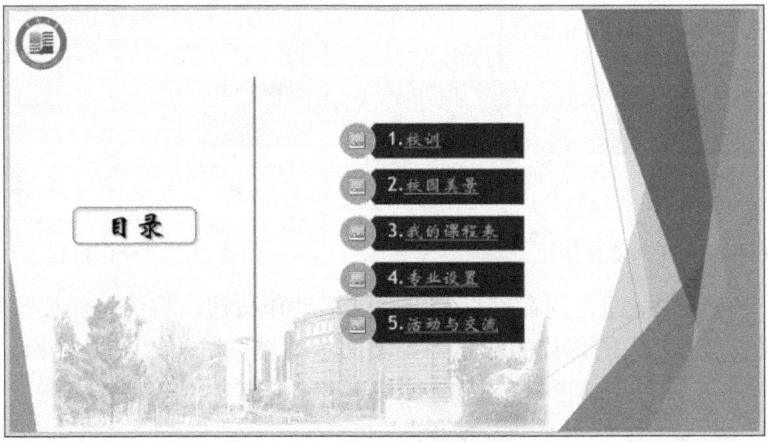

图 4-81 “插入超链接”完成效果

项目 2.4：幻灯片的放映设置

【操作要求】

（1）设置放映方式。在“设置放映方式”对话框中，“放映类型”选择“观众自行浏览（窗口）”，“放映选项”选择“循环放映，按 ESC 键终止”。

（2）设置排列计时。在“排练计时”放映中，幻灯片全屏显示，同时窗口上出现“录制”工具栏，并在“幻灯片放映时间”框中开始计时，一张幻灯片放映完成后，单击切换到下一张幻灯片。

（3）标注放映。打开演示文稿“诗词欣赏”，进入“幻灯片放映”视图，在屏幕中使用“指针选项”下的“荧光笔”。

【操作步骤】

1. 设置幻灯片的放映方式

（1）打开演示文稿“我的相册”，功能区切换至“幻灯片放映”，在“设置”组中，单击“设置幻灯片放映”按钮，如图 4-82 所示。

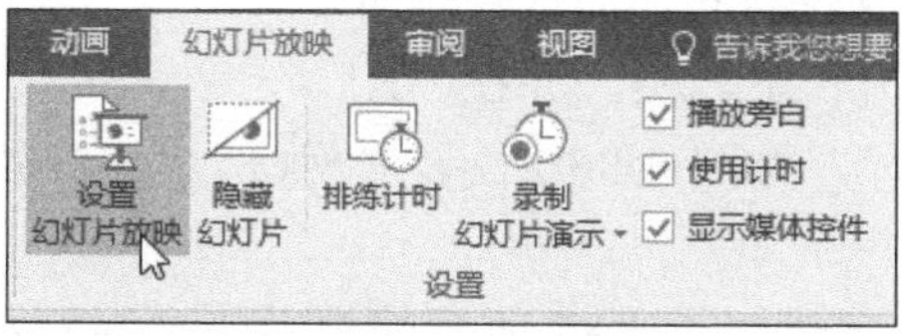

图 4-82　设置幻灯片放映

（2）在弹出的“设置放映方式”对话框中，选中“放映类型”下“观众自行浏览（窗口）”单选按钮，选中“放映选项”下“循环放映，按 ESC 键终止”复选框，如图 4-83 所示。

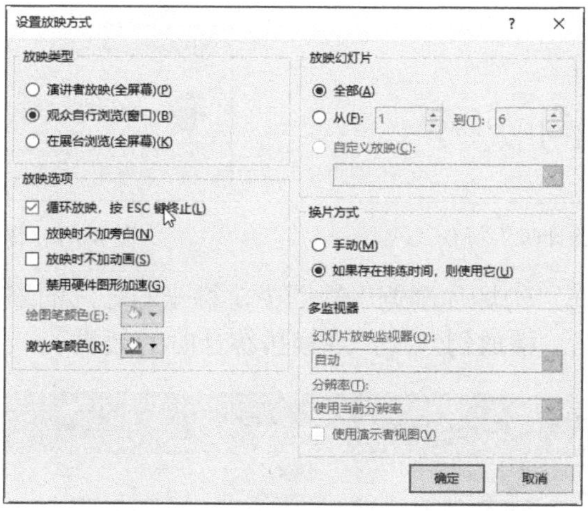

图 4-83　“设置放映方式”对话框

（3）单击“确定”按钮，返回幻灯片。放映幻灯片，幻灯片以窗口显示，如图 4-84 所示。

图 4-84　“观众自行浏览（窗口）”效果

2. 设置排练计时

（1）打开演示文稿“诗词欣赏”，功能区切换至“幻灯片放映”，在“设置”组中，单击“排练计时”按钮，如图 4-85 所示。

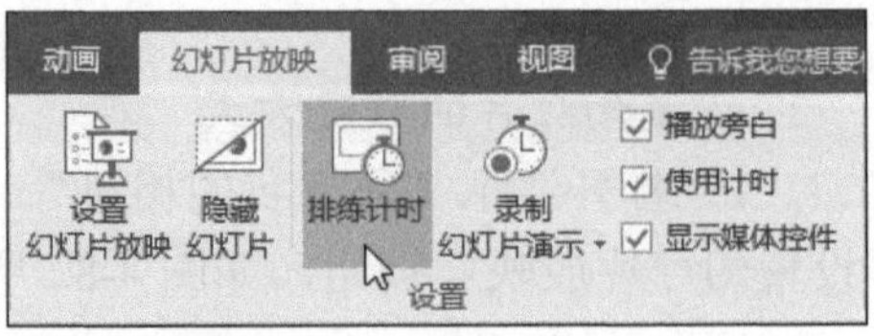

图 4-85 “排练计时”按钮

（2）进入“排练计时”放映状态，幻灯片全屏显示，同时窗口上出现“录制”工具栏，并在“幻灯片放映时间”框中开始计时，如图 4-86 所示。一张幻灯片放映完成后，单击切换到下一张幻灯片。

（3）到达幻灯片末尾，出现如图 4-87 所示的提示信息对话框。单击“是”按钮，保留排练时间。

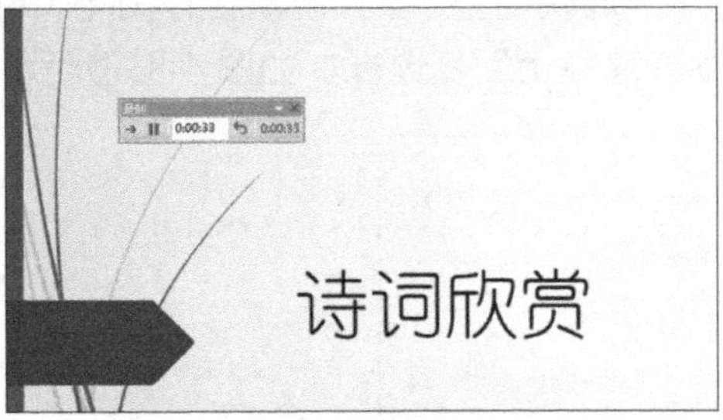

图 4-86 “排练计时”操作

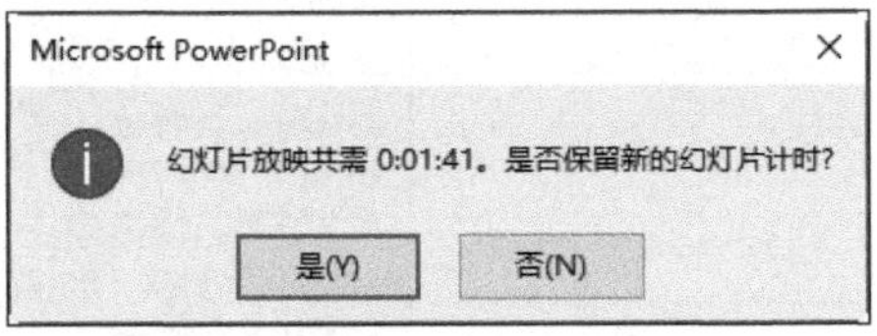

图 4-87 提示信息对话框

（4）返回幻灯片，在“幻灯片浏览”视图中，每张幻灯片的缩略图下，可以看到排练计时的时间，如图 4-88 所示。播放幻灯片，观察排练计时的效果。

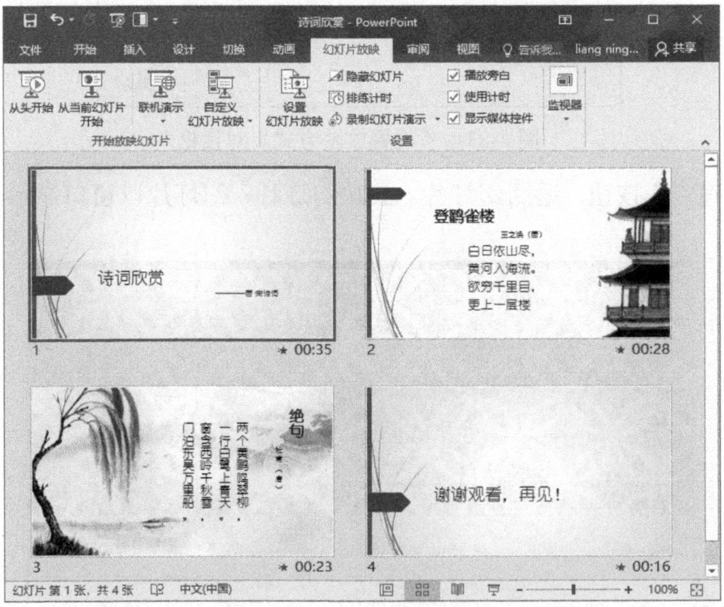

图 4-88 显示排练计时时间

提示：如果在“设置放映方式”对话框中，“换片方式”选择了“手动”，则不应用排练计时来自动换片。

3. 标注放映

（1）打开演示文稿“诗词欣赏”，进入“幻灯片放映”视图，在屏幕上右击，在弹出的快捷菜单中单击“指针选项”下的“荧光笔”命令，如图 4-89 所示。

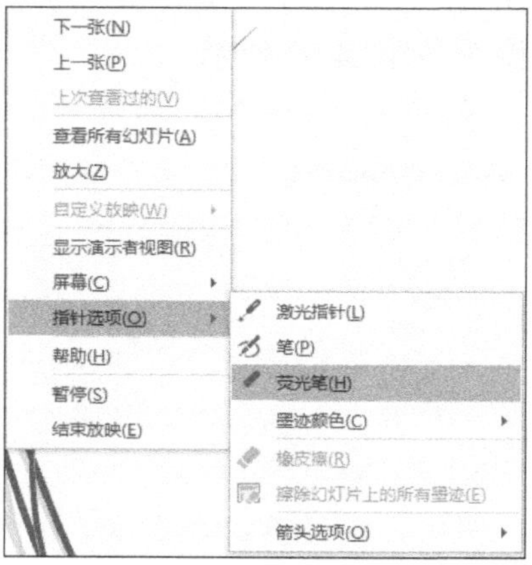

图 4-89 “指针选项”列表

（2）单击“荧光笔”命令后，光标会变成笔形，可以在幻灯片上直接勾画或书写，如图 4-90 所示。

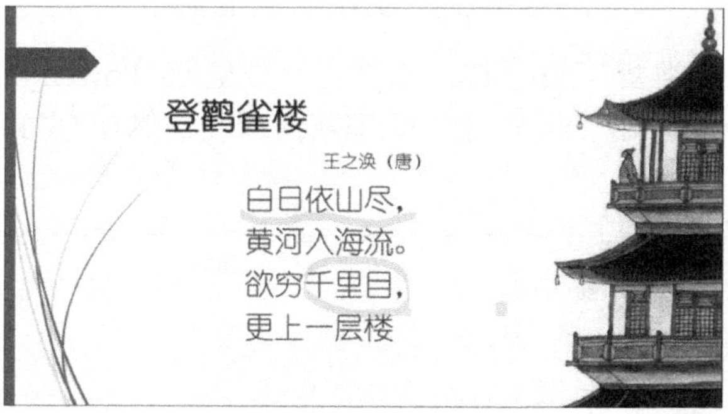

图 4-90 标注放映效果

（3）幻灯片放映结束时，系统会弹出“是否保留墨迹注释”对话框，选择“放弃”按钮，则不保留墨迹注释，如图 4-91 所示。

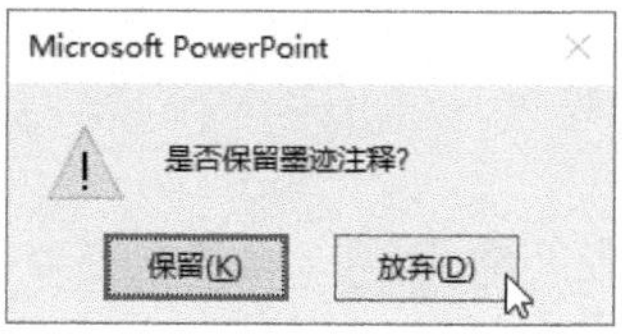

图 4-91 标注放映提示信息框

项目 2.5：演示文稿的保存与输出

【操作要求】

（1）将演示文稿保存为“PowerPoint 放映”。

（2）将演示文稿保存为“GIF 可交换的图形格式”。

（3）将演示文稿输出为 PDF 文档。

【操作步骤】

1. 将演示文稿保存为“PowerPoint 放映”

（1）打开演示文稿“我的相册”，功能区切换至“文件”，单击“另存为”命令，选择保存文件位置为“E:\我的演示文稿”，如图 4-92 所示。

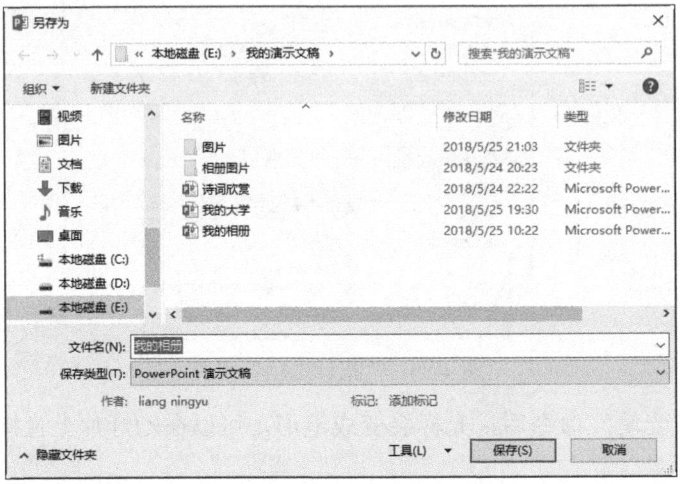

图 4-92 “另存为”对话框

（2）单击打开“保存类型”下拉列表，选择保存类型为“PowerPoint 放映”，文件名为“我的相册”，如图 4-93 所示，单击“保存”按钮，即将演示文稿保存为“PowerPoint 放映”（.ppsx）文件。

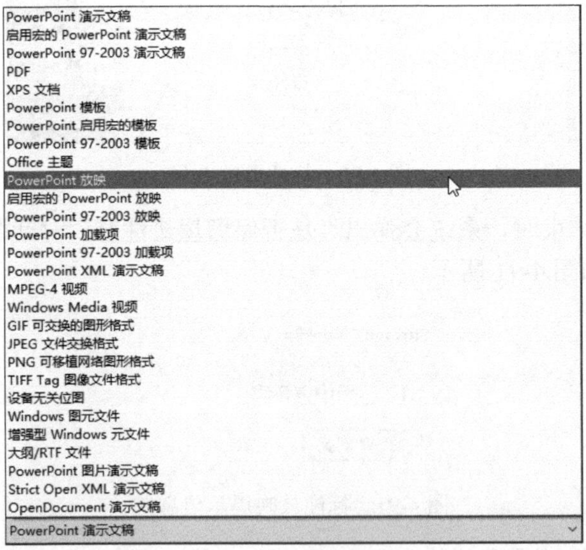

图 4-93 “保存类型”列表

（3）在打开“我的演示文稿”文件夹中，双击新生成的文件“我的相册.ppsx”，观看播放效果。

2. 将演示文稿保存为“GIF 可交换的图形格式”

（1）打开演示文稿“我的相册”，功能区切换至“文件”，单击“另存为”命令，在弹出的“另存为”对话框中，选择保存类型为“GIF 可交换的图形格式”，文件名为“我的相册”。

（2）在弹出的“您希望导出哪些幻灯片”对话框中，单击“所有幻灯片”按钮，如图 4-94 所示。

图 4-94　导出幻灯片

（3）打开“我的演示文稿”文件夹，可以看到新建了“我的相册”文件夹，在文件夹中每张幻灯片以 GIF 图片格式保存，如图 4-95 所示。

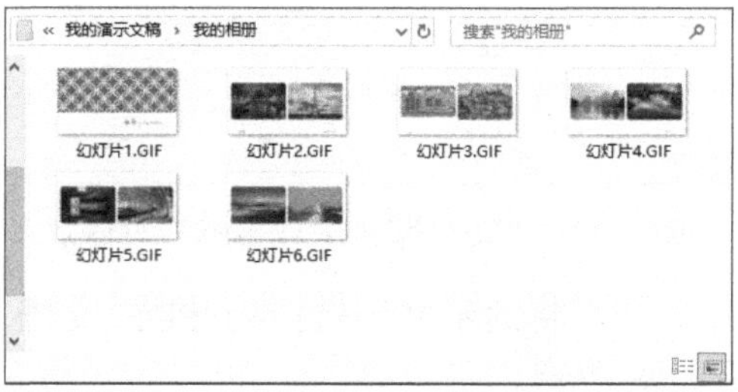

图 4-95　GIF 图片文件格式

3. 将演示文稿输出为 PDF 文档

（1）打开演示文稿“诗词欣赏”，功能区切换至“文件”，单击“导出”命令，在“导出”列表中选择“创建 PDF/XPS 文档”，单击“创建 PDF/XPS 文档”按钮，如图 4-96 所示。

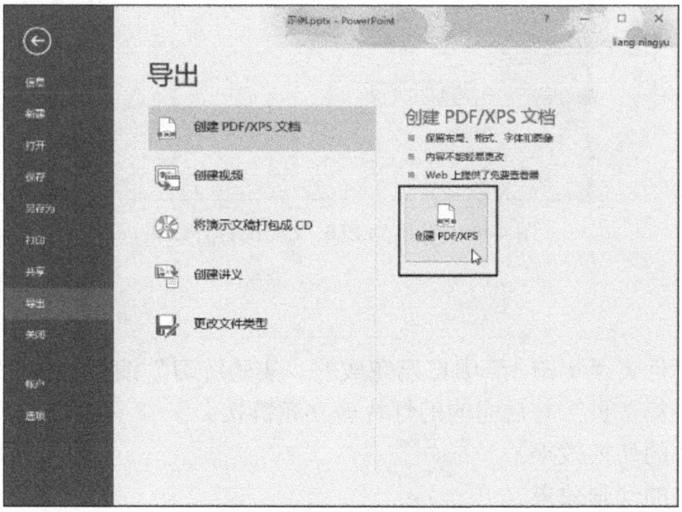

图 4-96　文件导出选择列表

（2）在弹出的“发布为 PDF 或 XPS”对话框中，文件的保存类型默认选择“PDF（*.pdf）”，选择保存路径为“E:\我的演示文稿”，文件名为“我的相册”，如图 4-97 所示。

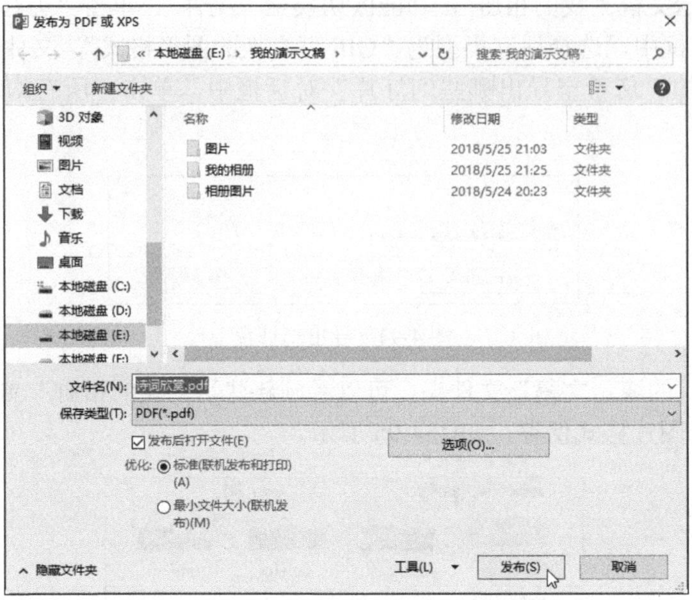

图 4-97 “发布为 PDF 或 XPS”对话框

（3）单击“发布”按钮，即可将演示文稿转换为 PDF 文档。转换完成后，该文档将用 PDF 阅读器自动打开，如图 4-98 所示。

图 4-98 导出为 PDF 文档的打开效果

三、项目练习

（1）打开在文件夹“实验 1”中自己完成的“实验练习”演示文稿，进行如下设置：

1）为目录页（第 2 页）与后面的幻灯片建立超链接。

2）设置幻灯片的切换效果。

3）设置幻灯片的动画效果。

4）设置放映方式为“演讲者放映”，放映选项为“循环放映”。

5）将演示文稿保存为.pdf 格式的文件。

（2）新建空白演示文稿，命名为“环保培训”，其中包含 4 张幻灯片，第 1 张幻灯片版式为“标题幻灯片”，第 2～第 4 张幻灯片版式为“标题和内容”，输入文字如图 4-99 所示。

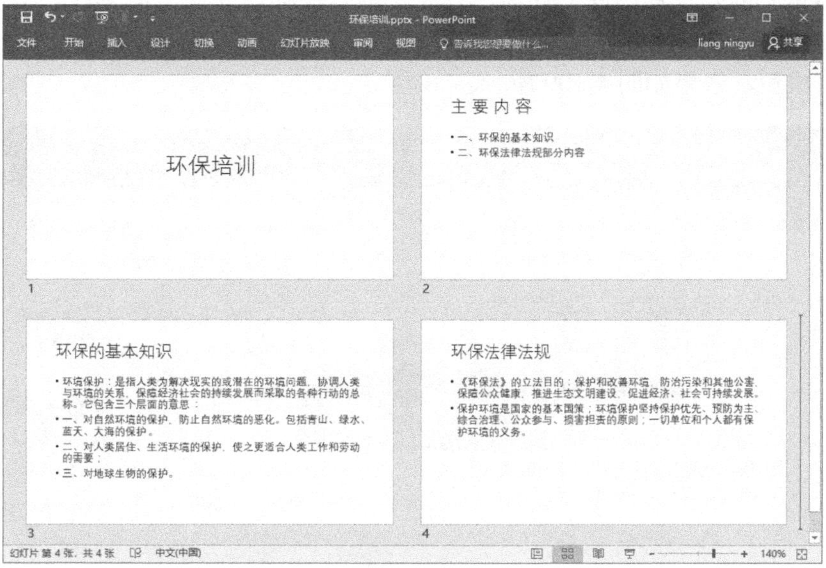

图 4-99　带文字的空白幻灯片

在“环保培训”演示文稿中完成下列操作：

1）设置幻灯片主题为“环保”。

2）设置第 1 张幻灯片中的标题文字的字体为“华文行楷”，字号为 66，颜色为“红色”。

3）将第 2 张幻灯片中的文本区域，转换为“垂直项目符号列表”版式的 SmartArt 图形对象。

4）在第 2 张幻灯片后面插入一张版式为“仅标题”的幻灯片，输入标题“环保图片”，并插入“环保 1.jpg”“环保 2.jpg”“环保 3.jpg” 3 张图片。

设置左侧图片的样式为“柔化边缘椭圆”，右侧图片的样式为“映像圆角矩形”，中间图片设置柔化边缘“25 磅”。

5）将第 4 张幻灯片“环保的基本知识”的版式改为“两栏内容”，在右侧插入图片“环保 4.jpg”，图片大小缩放为 50%。

6）为第 2 张幻灯片中的文字设置超链接，其中“一、环保的基本知识”指向第 4 张幻灯片，“二、环保法律法规部分内容”指向第 5 张幻灯片。

7）在幻灯片母版的左上角插入图片 tree.gif，水平和垂直自左上角均为 0。

8）为所有幻灯片添加页脚“环境保护很重要”，设置自动更新的日期和时间，格式为****年**月**日，标题页除外。

9）设置所有幻灯片的切换效果为“风”。

10）设置第 4 张幻灯片中图片的进入动画效果为“飞入”，方向为“自右侧”。

11）在第 1 张幻灯片中插入一个音频文件 huanbao.mp3 作为幻灯片的背景音乐，跨幻灯片播放，放映时隐藏图标。

12）为第 1 张幻灯片添加备注“主讲人：沈大人”。

13）在第 5 张幻灯片中插入动作按钮，超链接到“第 1 张幻灯片”。

14）设置幻灯片的放映类型为“在展台浏览”。

15）将编辑好的幻灯片以原文件名“环保培训”保存，并在当前文件夹下再另存一份名为“环保培训.pdf”的文件。

幻灯片完成后，效果如图 4-100 所示。

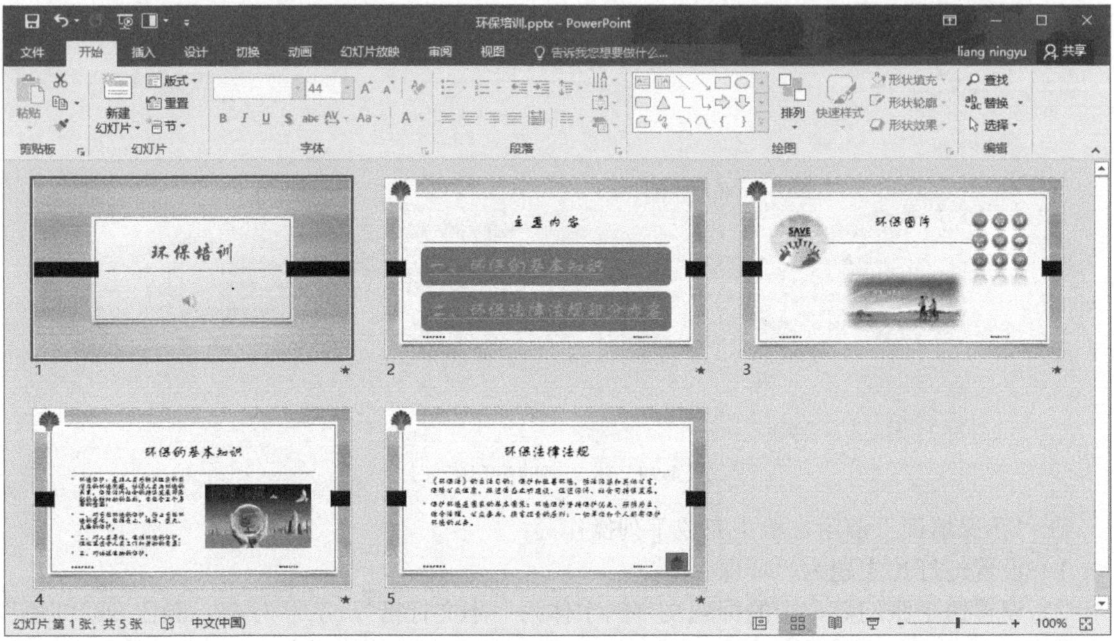

图 4-100 “环保培训”演示文稿效果

第 5 章　网络操作基础

项目 1　Internet Explorer 的使用

一、学习目标

（1）熟练掌握 IE 的打开和关闭等操作。

（2）熟练掌握在 IE 地址栏输入主页地址并打开主页的操作方法。

（3）熟练掌握网页上图片保存的操作方法。

（4）熟练掌握网页上文字保存的操作方法。

二、项目内容及步骤

项目 1.1：图片和文字的保存

【操作要求】

（1）某模拟网站的主页地址是 HTTP://LOCALHOST/index.html，打开此主页。

（2）浏览“李白”页面，将页面中“李白”的图片保存到考生文件夹下，命名为“LIBAI.jpg”。

（3）查找“代表作”的页面内容并将它以文本文件的格式保存到考生文件夹下，命名为“LBDBZ.txt”。

【操作步骤】

（1）单击“工具箱”按钮，在弹出的列表框中单击“启动 Internet Explorer 仿真”命令，如图 5-1 所示。

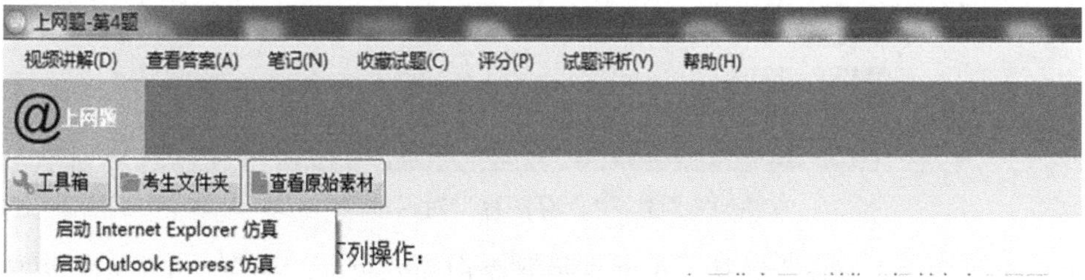

图 5-1　启动 Internet Explorer 仿真

（2）在地址栏输入 HTTP://LOCALHOST/index.html，并按回车键，如图 5-2 所示。

（3）在打开的主页中，按住鼠标左键拖动上下滚动条，直至页面上看到“李白，字太白”。

（4）右击页面中李白的照片，自动弹出图片编辑快捷菜单，选择其中“图片另存为”命令，弹出“图片保存”对话框，如图 5-3 所示，在“图片保存”对话框中将文件名改为 LIBAI，保存类型改为 JPEG（*.jpg），文件路径改为 C:\WEXAM\000000000000，即考生文件夹的路径，最后单击“保存”按钮。

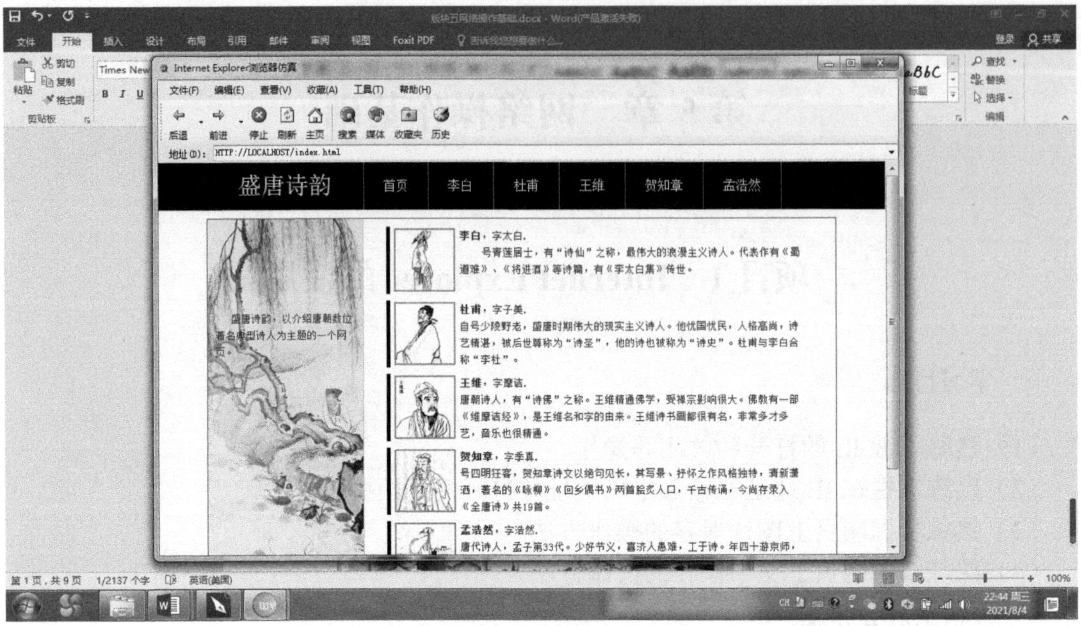

图 5-2　打开主页

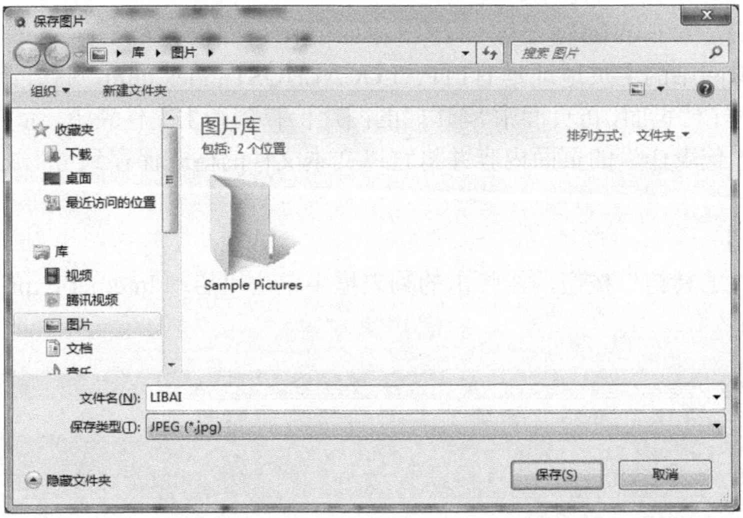

图 5-3　“保存图片”对话框

（5）单击页面上“李白”链接，页面切换到李白简介页面，如图 5-4 所示，再单击图 5-4 所示页面上“代表作”链接，页面自动切换到“代表作”子页面。

（6）按住鼠标左键并选择“【将进酒】…………呼儿将出换美酒，与尔同消万古愁。”这段文字，松开鼠标左键，右击并选择“复制”命令，如图 5-5 所示。

（7）单击考生文件夹按钮，在考生文件夹中的空白处右击，选择“新建”→“文本文档”命令。将新建文本文档的名称改为 LBDBZ.txt 并打开，在此文本文档的正文空白处右击，选择“粘贴”命令，单击“文件”→“保存”命令后，再单击文本文档右上角的关闭按钮，关闭文本文档。

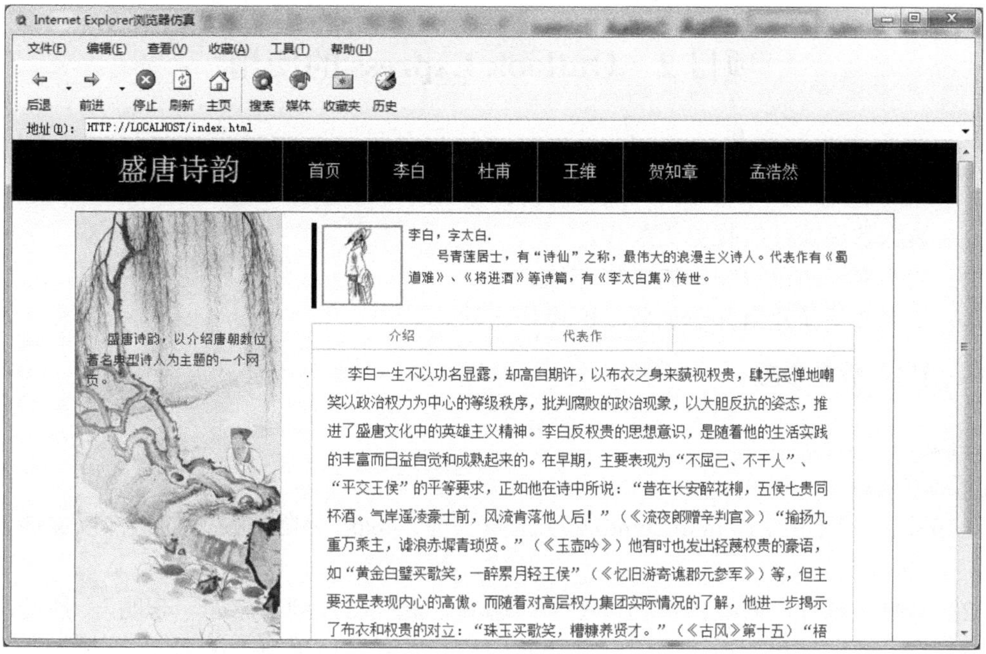

图 5-4　李白简介页面

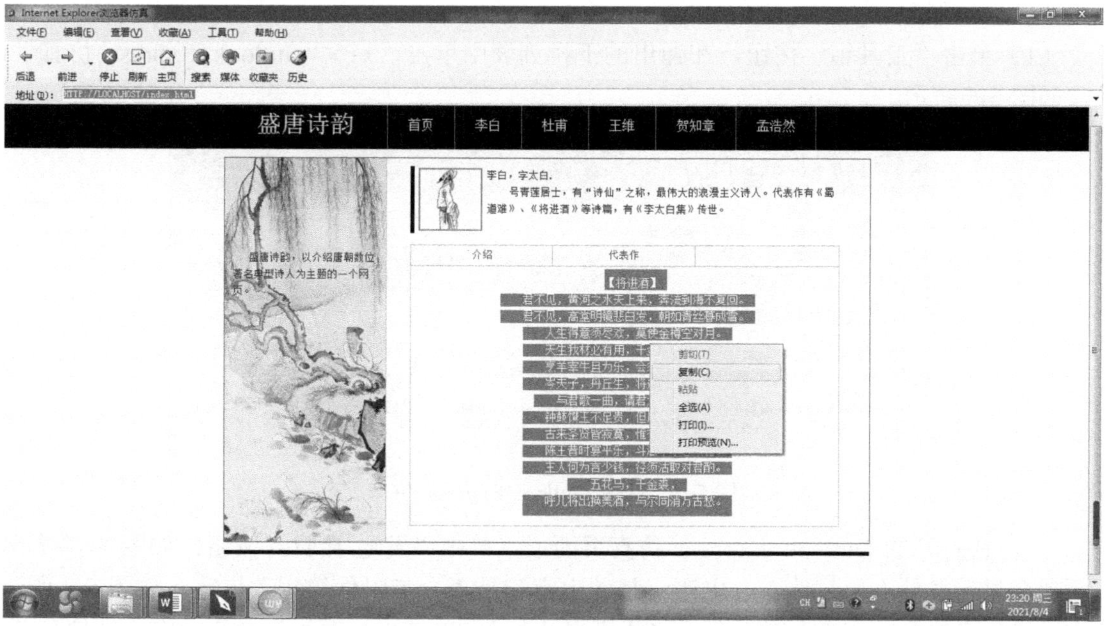

图 5-5　文字的复制

三、项目练习

用 IE 浏览器打开地址 HTTP://LOCALHOST:65531/ExamWeb/Index.html，浏览有关“Turbo C 整型变量”的网页，将该网页内容以文本文件的格式保存到“考生”文件夹下，文件名为 TestIe.txt。

项目 2 Outlook Express 的使用

一、学习目标

（1）熟练掌握邮件的收发等操作。

（2）熟练掌握通讯簿编辑的操作方法。

（3）熟练掌握新建组并添加成员的操作方法。

二、项目内容及步骤

项目 2.1：邮件的收发

【操作要求】

（1）接收并阅读由 wj@mail.cumtb.edu.cn 发来的 E-mail，将随信发来的附件以文件名 wj.txt 保存到考生文件夹下。

（2）回复该邮件，回复内容为“王军：您好！资料已收到，谢谢。李明”，抄送：李强。

（3）将发件人添加到通讯簿中，并在其中的“姓名”栏填写“王军”，“电子邮箱”栏填写 wj@mail.cumtb.edu.cn，其余栏目默认。

【操作步骤】

（1）单击“工具箱”按钮，在弹出的下拉列表中单击“启动 Outlook Express 仿真”命令，如图 5-6 所示。

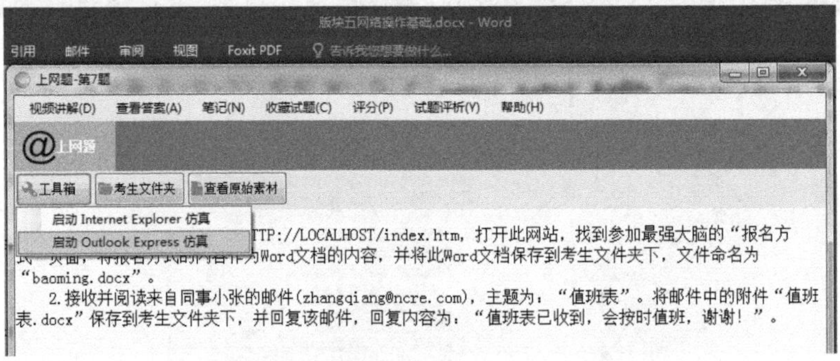

图 5-6 启动 Outlook Express 仿真

（2）在打开的 Outlook Express 仿真页面上，单击“发送/接收”按钮，如图 5-7 所示，页面就会显示发件人、收件人、主题、邮件内容和是否含有附件等相关信息，如图 5-8 所示，其中 就是附件标志。右击附件名称“值班表.docx”，单击“另存为”命令，将该文件存储到考生文件夹中。

图 5-7 Outlook Express 仿真菜单栏

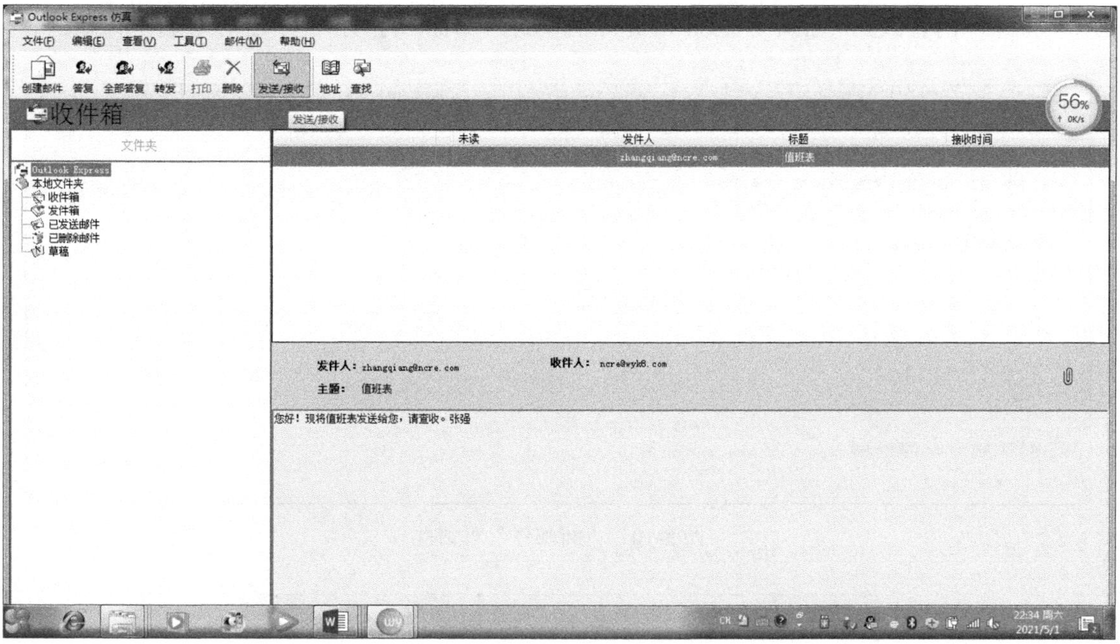

图 5-8　接收邮件

（3）双击邮件列表中的任一邮件，进入“邮件（HTML）”页面，如图 5-9 所示。

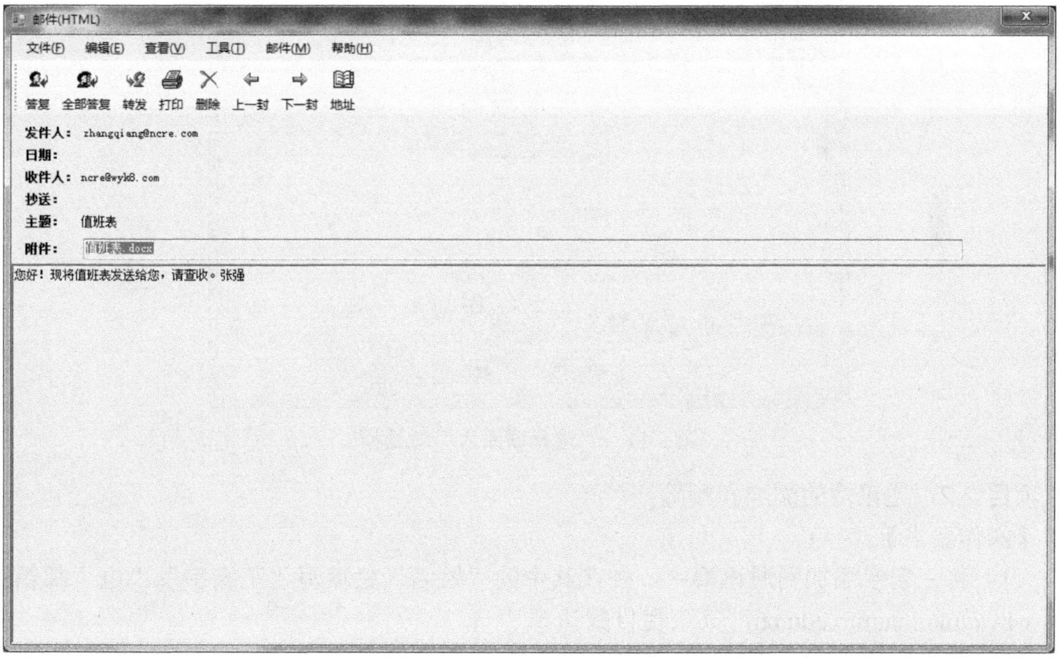

图 5-9　邮件页面

（4）单击邮件页面上的“答复”按钮，进入新邮件页面，如图 5-10 所示。“发件人”栏和“收件人”栏保持不变，单击“抄送”按钮，弹出“选择联系人”对话框，单击联系人“李强”，再单击“抄送”按钮，将“李强”添加到“抄送”栏中，单击“确定”按钮，如图 5-11

所示。将邮件内容改为“王军：您好！资料已收到，谢谢。李明”，单击“发送”按钮。

图 5-10 “新邮件”对话框

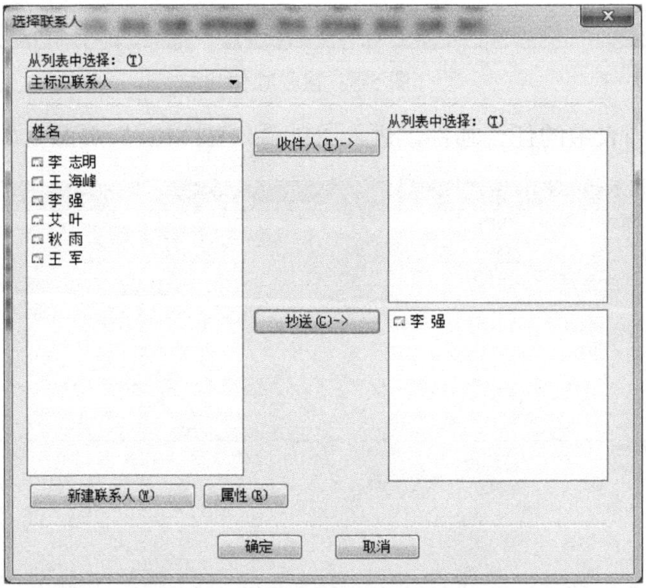

图 5-11 “选择联系人”对话框

项目 2.2：通讯簿的添加和删除

【操作要求】

（1）将王宏宇添加到通讯簿中，并在其中的“姓名”栏填写“王宏宇”；“电子邮箱”栏填写 why@mail.cumtb.edu.cn，其余栏目默认。

（2）删除通讯簿中“王军”的相关信息。

【操作步骤】

（1）单击“工具箱”按钮，在弹出的下拉列表中单击“启动 Outlook Express 仿真”命令，进入“Outlook Express 仿真”页面，单击“地址”按钮，进入“通讯簿”页面，如图 5-12 所示。单击“新建”→“新建联系人”命令，弹出“属性”对话框，在“姓名”文本框中输入“王宏宇”，“电子邮箱”文本框中输入“why@mail.cumtb.edu.cn”，并单击“确定”按钮，如图 5-13 所示。

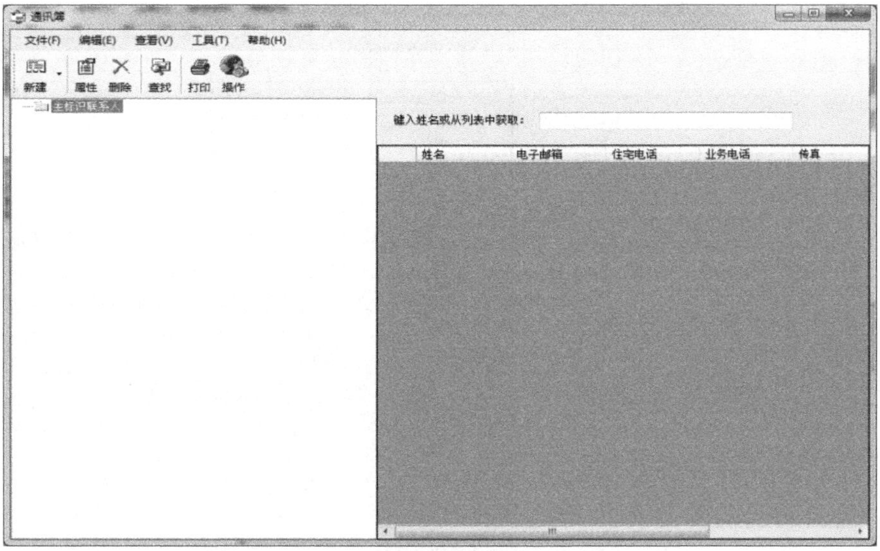

图 5-12 “通讯簿”页面

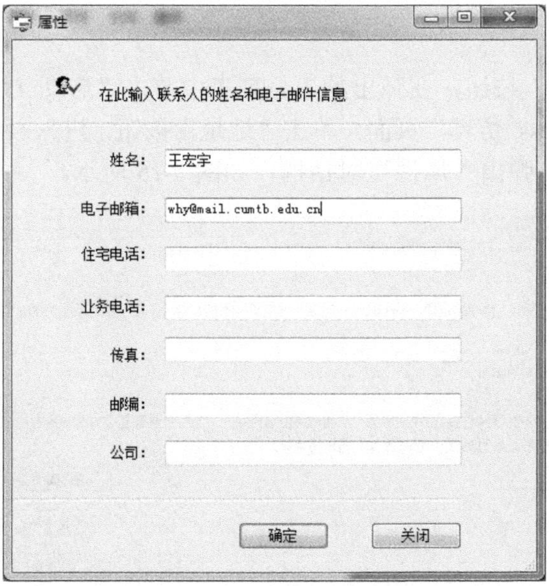

图 5-13 “属性”对话框

（2）返回到“通讯簿”页面，单击“主标识联系人”，页面上显示所有通讯簿成员的信息列表，选择邮件列表中的“王军”，单击“删除”按钮，删除“王军”的所有信息，如图 5-14 所示。

项目 2.3：新建组并添加成员

【操作要求】

新建一个组，组名为“哈哈”，并添加“李志明”“王军”和“秋雨”为组成员。

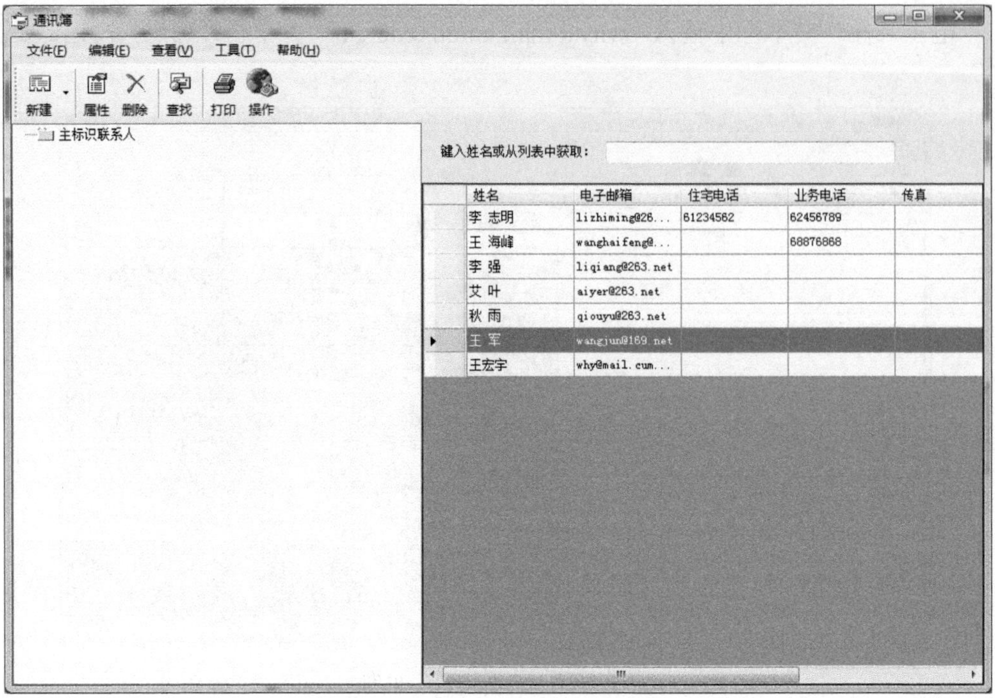

图 5-14 “通讯簿-联系人”对话框

【操作步骤】

（1）单击“工具箱”按钮，在弹出的下拉列表中单击“启动 Outlook Express 仿真”命令，进入“Outlook Express 仿真”页面，单击“地址”按钮，进入“通讯簿”页面。单击“新建”→“新建组”命令，弹出“属性”对话框，如图 5-15 所示。

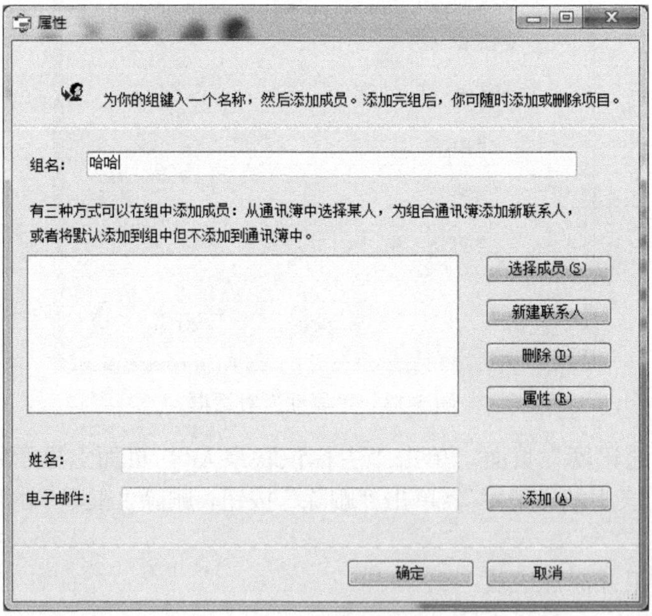

图 5-15 “属性”对话框

（2）单击“选择成员”按钮，弹出“选择联系人”对话框，按住 Ctrl 键，分别单击“李志明”“王军”和“秋雨”，选择结束后松开 Ctrl 键，单击“选择”按钮，将“李志明”“王军”和“秋雨”添加到右边的列表中，并单击“确定”按钮，如图 5-16 所示。

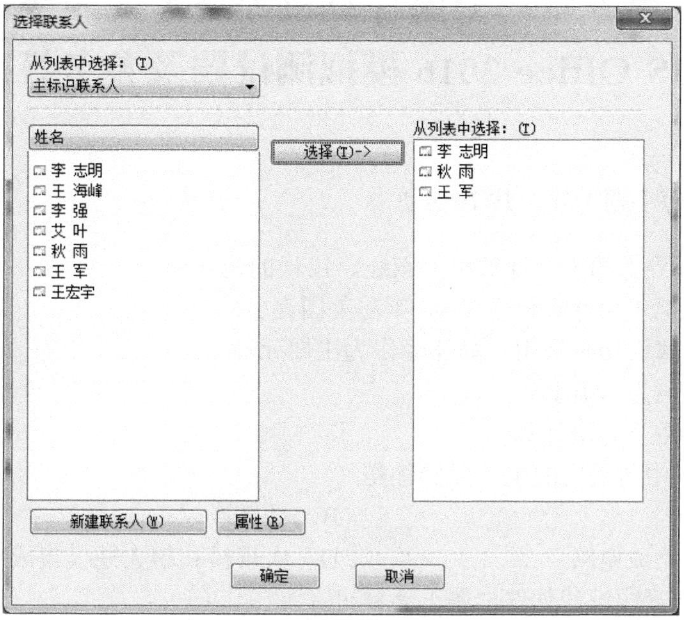

图 5-16 “选择联系人”对话框

三、项目练习

用 Outlook Express 编辑电子邮件：
收信地址：mail4test@163.com。
主题：Turbo C 整型变量。
将 TestIe.txt 作为附件粘贴到信件中。
信件正文如下：

“您好！信件附件是 Turbo C 语言整型变量说明，请查阅，收到请回信。”

第 6 章　全国计算机等级考试一级 MS Office 2016 模拟测试题及参考答案

一、选择题（每小题 1 分，共 20 分）

1．下列关于世界上第 1 台计算机的叙述，错误的是（　　）。
A．世界上第 1 台计算机于 1946 年在美国诞生
B．此台计算机当时采用了晶体管作为主要元件
C．它被命名为 ENIAC
D．它主要用于弹道计算

2．现代计算机中所采用的电子元器件是（　　）。
A．电子管　　B．晶体管
C．小规模集成电路　　D．大规模和超大规模集成电路

3．市政道路及管线设计软件，属于计算机（　　）。
A．辅助教学　　B．辅助管理
C．辅助制造　　D．辅助设计

4．存储一个 32×32 点阵的汉字字型码需用的字节数是（　　）。
A．256　　B．128　　C．72　　D．16

5．下列叙述中，正确的是（　　）。
A．用高级程序语言编写的程序称为源程序
B．计算机能直接识别并执行用汇编语言编写的程序
C．机器语言编写的程序必须经过编译和连接后才能执行
D．机器语言编写的程序具有良好的可移植性

6．一个完整计算机系统的组成部分应该是（　　）。
A．主机、键盘和显示器　　B．系统软件和应用软件
C．主机和它的外部设备　　D．硬件系统和软件系统

7．计算机技术中，下列不是度量存储器容量的单位是（　　）。
A．KB　　B．MB　　C．GHz　　D．GB

8．SRAM 指的是（　　）。
A．静态随机存储器　　B．静态只读存储器
C．动态随机存储器　　D．动态只读存储器

9．下列设备组中，完全属于计算机输出设备的一组是（　　）。
A．喷墨打印机、显示器、键盘　　B．激光打印机、键盘、鼠标器
C．键盘、鼠标器、扫描仪　　D．打印机、绘图仪、显示器

10．Cache 的中文译名是（　　）。

A．缓冲器　　B．只读存储器

C．高速缓冲存储器　　D．可编程只读存储器

11．下列叙述中，正确的是（　　）。

A．C++是高级程序设计语言的一种

B．用 C++程序设计语言编写的程序可以直接在机器上运行

C．当代最先进的计算机可以直接识别、执行任何语言编写的程序

D．机器语言和汇编语言是同一种语言的不同名称

12．下列 4 个 4 位十进制数中，正确的汉字区位码的是（　　）。

A．5601　　B．9596　　C．9678　　D．8799

13．计算机系统软件中最核心的是（　　）。

A．语言处理系统　　B．操作系统

C．数据库管理系统　　D．诊断程序

14．组成微型机主机的部件是（　　）。

A．CPU、内存和硬盘　　B．CPU、内存、显示器和键盘

C．CPU 和内存　　D．CPU、内存、硬盘、显示器和键盘

15．根据汉字国标码 GB 2312－1980 的规定，将汉字分为常用汉字和次常用汉字两级。次常用汉字的排列次序是（　　）。

A．偏旁部首　　B．汉语拼音字母

C．笔画多少　　D．使用频率多少

16．下列说法中，正确的是（　　）。

A．只要将高级程序语言编写的源程序文件（如 try.c）的扩展名更改为.exe，则它就成为可执行文件了

B．高档计算机可以直接执行用高级程序语言编写的程序

C．源程序只有经过编译和连接后才能成为可执行程序

D．用高级程序语言编写的程序可移植性和可读性都很差

17．英文缩写 ROM 的中文译名是（　　）。

A．高速缓冲存储器　　B．只读存储器

C．随机存取存储器　　D．优盘

18．冯•诺依曼型体系结构的计算机硬件系统的 5 大部件是（　　）。

A．输入设备、运算器、控制器、存储器、输出设备

B．键盘和显示器、运算器、控制器、存储器和电源设备

C．输入设备、中央处理器、硬盘、存储器和输出设备

D．键盘、主机、显示器、硬盘和打印机

19．计算机网络的目标是实现（　　）。

A．数据处理　　B．文献检索

C．资源共享和信息传输　　D．信息传输

20．下列关于因特网上收/发电子邮件优点的描述中，错误的是（　　）。

A．不受时间和地域的限制，只要能接入因特网，就能收发电子邮件

B．方便、快速

C．费用低廉

D．收件人必须在原电子邮箱，申请接收电子邮件

二、Windows 基本操作题，不限制操作的方式（10 分）

本题型共有 5 小题。

1．在考生文件夹下 CCTVA 文件夹中新建一个文件夹 LEDER。

2．将考生文件夹下 HIGER\YION 文件夹中的文件 ARIP .BAT 重命名为 FAN.BAT。

3．将考生文件夹下 GOREST\TREE 文件夹中的文件 LEAF.MAP 设置为只读属性。

4．将考生文件夹下 BOP\YIN 文件夹中的文件 FILE.WRI 复制到考生文件夹下 SHEET 文件夹中。

5．将考生文件夹 FXEN\FISHER 文件夹中的文件夹 EAT-A 删除。

三、Word 操作题（25 分）

在考生文件夹下，打开文档 WORD.DOCX，按照要求完成下列操作并以该文件名（WORD.DOCX）保存文档。

1．将文中所有错词“人声”替换为“人生”。

2．将标题（“活出精彩 搏出人生”）应用“标题 1”样式，并设置为小三号、隶书；标题段前段后间距均为 6 磅、单倍行距、居中；标题字体颜色设为“橙色，个性色 6，深色 50%”。标题文本效果为“映像/映像变体/紧密映像: 4pt 偏移量”；修改标题阴影效果为“内部/内部右上角”。

3. 在文件菜单下编辑文档属性信息，将摘要选项卡中的作者改为 NCRER，单位是 NCRE，标题为“活出精彩－搏出人生”。

4．设置纸张方向为“横向”；设置页边距为上下各 3 厘米、左右各 2.5 厘米。装订线位于左侧 3 厘米处。页眉页脚各距边界 2 厘米，每页 24 行；添加空白型页眉，输入文字“校园报”，设置页眉文字为小四号、黑体、深红色（标准色）、加粗；为页面添加水平文字水印“精彩人生”，文字颜色为橄榄色，个性色 3，淡色 80%。

5．将正文 1～2 段（“人生在世，需要……我终于学会了坚强。”）设置为小四号、楷体；首行缩进 2 字符，行间距为 1.15 倍；将文本“人生在世，需要……我终于学会了坚强。”分为等宽的两栏，并添加分隔线；将文本“记住该记住的。忘记该忘记的。改变能改变的。接受不能接受的。”设置为黄色突出显示；在“校运动会奖牌排行榜”前面的空行处插入考生文件夹下的图片 picture1.jpg，设置图片高为 5 厘米，宽为 7.5 厘米，文字环绕为“上下型”，艺术效果为马赛克气泡、透明度 80%。

6．将文中后 12 行文字转换为一个 12 行 5 列的表格，文字分隔位置为“空格”；设置表格列宽为 2.5 厘米，行高为 0.5 厘米；将表格第 1 行合并为一个单元格，内容居中；为表格应用样式“网格表 4-着色 2”；设置表格整体居中。

7．将表格第 1 行文字（“校运动会奖牌排行榜”）设置为小三号、黑体，字间距加宽 1.5 磅；统计各班金、银、铜牌合计，各类奖牌合计填入相应的行和列；以金牌为主要关键字、降序，银牌为次要关键字、降序，铜牌为第三关键字、降序，对 9 个班进行排序。

四、Excel 操作题（20 分）

打开考生文件夹下的电子表格 Excel.xlsx，按照下列要求完成对此电子表格的操作并保存。

1．将 Sheet1 工作表的 A1:G1 单元格合并为一个单元格，内容水平居中；利用函数计算 2015 年和 2016 年产品销售总量，分别置于 B15 和 D15 单元格内；计算 2015 年和 2016 年每个月销量占各自全年总销量的百分比内容（百分比型，保留小数点后 2 位）；计算同比增长率列内容［同比增长率= (2016 年销量–2015 年销量) /2015 年销量，百分比型，保留小数点后 2 位］；同比增长率大于或等于 20%的月份在备注栏内填“较快”，其他填“一般”（利用 IF 函数）；利用条件格式对 F3:F14 单元格区域设置“实心填充/绿色数据条”。

2．选取 Sheet1 工作表中“月份”列（A2:A14）、“2016 年销量”列（D2:D14）和“同比增长率”列（F2:F14）3 列数据建立组合图，设置“2016 年销量”系列为主坐标，“2016 年销量”系列的图表类型为“簇状柱形图”；“同比增长率”系列为次坐标，“同比增长率”系列的图表类型为“折线图”；图表标题位于图表上方，图表标题为“同比增长率统计图”；图例位于顶部；设置图表颜色为“彩色/颜色 2”；设置绘图区填充格式为“图案填充/虚线网格”；将图插入到表 A17:G32 单元格区域；将 Sheet1 工作表命名为“产品销售统计表”。

3．选择 Sheet2 工作表，对工作表内数据清单的内容进行筛选，条件为“所有东部和西部的分公司且销售额高于平均值”。将 Sheet2 工作表命名为“产品销售情况表”，保存为 Excel.xlsx 文件。

五、PowerPoint 操作题（15 分）

打开考生文件夹下的演示文稿 yswg.pptx，按照下列要求完成对此文稿的修饰并保存。

1．为整个演示文稿应用“回顾”主题，设置幻灯片的大小为“宽屏（16:9）”。放映方式为“观众自行浏览”。

2．第 1 张幻灯片版式改为“两栏内容”，标题为“烹调鸡蛋的常见错误”。将考生文件夹下的图片文件 ppt1.jpg 插入到第 1 张幻灯片右侧的内容区，图片样式为“金属椭圆”；图片效果为“三维旋转”的“倾斜-倾斜右上”；图片动画设置为“强调/陀螺旋”，效果选项为“逆时针”；左侧文字设置动画“进入/轮子”；动画顺序是先文字后图片；第 1 张幻灯片的背景设置为“花束”纹理。

3．第 2 张幻灯片标题为“错误的鸡蛋剥壳方法”。将考生文件夹下的文本文件 ppt2.txt 插入到第 2 张幻灯片左侧的内容区；将考生文件夹下的图片文件 ppt2.jpg 插入到第 2 张幻灯片右侧的内容区。

4．第 3 张幻灯片版式改为“两栏内容”，主标题为“错误的敲破鸡蛋方法”，将考生文件夹下的图片文件 ppt3.jpg 插入到右侧的内容区。

5．第 4 张幻灯片版式改为“空白”，在位置（水平：2.3 厘米，从：左上角，垂直：6 厘米，从：左上角）插入形状“星与旗帜/竖卷形”，形状填充为“紫色（标准色）”，高度为 8.6 厘米，宽度为 3 厘米，然后从左至右再插入与第 1 个竖卷形格式大小完全相同的 5 个竖卷形，并参考考生文件夹下的文本文件 ppt4.txt 的内容，按段落顺序（前 6 段）依次将烹调鸡蛋的常见错误（每段的第一句话）从左至右分别插入各竖卷形，例如从左数第 2 个竖卷形中插入文本“大火炒鸡蛋”。6 个竖卷形的动画都设置为“进入/飞入”，除左边第 1 个竖卷形，其他竖卷形动画的“开始”均设置为“上一动画之后”，“持续时间”均设置为2。在备注区插入备注“烹调鸡蛋的其他常见错误”。

6. 全体幻灯片切换方式为“旋转”，效果选项为“自底部”。

六、上网题（10分）

请在“答题”菜单下选择相应的命令，完成下面的内容。注意：下面出现的所有文件都必须保存在“考生”文件夹下。

（1）向课题组成员小赵和小李分别发E-mail。

【E-mail地址】zhaoguoli@cuc.edu.cn；lijianguo@cuc.edu.cn

【主题】紧急通知

【内容】本周二下午三时，在学院会议室进行课题讨论，请勿迟到缺席！

（2）某考试网站的主页地址是 http://www.exam8.com，打开主页，进入“自学”栏目，打开“考试简介”页面，并将页面以文本文件类型保存到“考生”文件夹下；再进入“公共英语”栏目，打开“考试简介”页面，将页面以HTML文件类型保存到“考生”文件夹下；两个文件的名称分别为ncrel.txt、here2.html。

参考答案

一、选择题

1. B　2. D　3. D　4. C　5. A　6. D　7. C　8. A
9. D　10. C　11. A　12. A　13. B　14. C　15. A　16. C
17. B　18. A　19. C　20. D

二、Windows基本操作题

1. 双击打开“考生文件夹”下的CCTVA文件夹，右击，在弹出的快捷菜单中选择“新建”→“文件夹”，新建了一个名为“新建文件夹”的新文件夹，在该文件夹上右击，选择“重命名”命令，把名字修改为“LEDER”。

2. 打开考生文件夹\HIGER\YION，找到文件ARIP .BAT，在文件上右击，在弹出的快捷菜单中选择“重命名”命令，将文件名改为FAN.BAT。

3. 打开考生文件夹\GOREST\TREE，找到文件LEAF.MAP，在文件上右击，在弹出的快捷菜单中选择“属性”命令，在弹出的对话框底部找到属性中的“只读”，勾选“只读”前的复选框，单击“确定”按钮，关闭对话框即可。

4. 打开考生文件夹\BOP\YIN，找到文件FILE.WRI，在文件上右击，在弹出的快捷菜单中选择“复制”命令，然后打开考生文件夹下的SHEET文件夹，右击，在弹出的快捷菜单中选择“粘贴”命令。

5. 打开考生文件夹\FXEN\FISHER，找到文件夹EAT-A，在该文件夹上右击，在弹出的快捷菜单中选择“删除”命令，也可以单击选中该文件夹后，按Delete键也可以实现删除。

三、Word 操作题

1．功能区切换至“开始”，单击“替换”按钮，弹出如图 6-1 所示的对话框。单击对话框上的“替换”选项卡，在“查找内容”文本框中输入“人声”，在“替换为”文本框中输入“人生”。然后单击“全部替换”按钮，即可实现将文档中的“人声”替换为“人生”。

图 6-1　“查找和替换”对话框

2．样式设置：选中标题“活出精彩 搏出人生”，功能区切换至“开始”，选择“样式”组的“标题 1”，如图 6-2 所示。

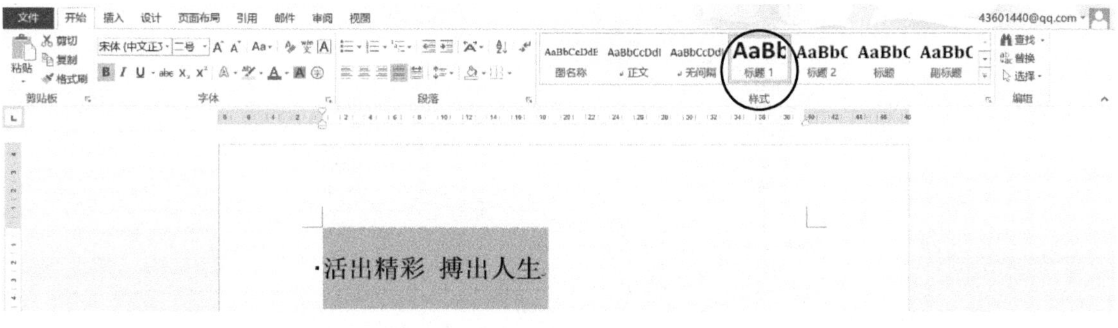

图 6-2　“标题 1”样式

字体设置：选中标题“活出精彩 搏出人生”，将标题字体设置为小三号、隶书。

段落设置：选中标题“活出精彩 搏出人生”，右击，在弹出的快捷菜单中选择“段落”，弹出如图 6-3 所示的“段落”对话框，将段前、段后间距设置为“6 磅”、行距设置为“单倍行距”、对齐方式选择“居中”。

字体颜色设置：选中标题“活出精彩 搏出人生”，功能区切换至“开始”，单击“字体”组中的“字体颜色”右侧的下拉按钮，在弹出的字体颜色中选择“橙色，个性色 6，深色 50%”，如图 6-4 所示。

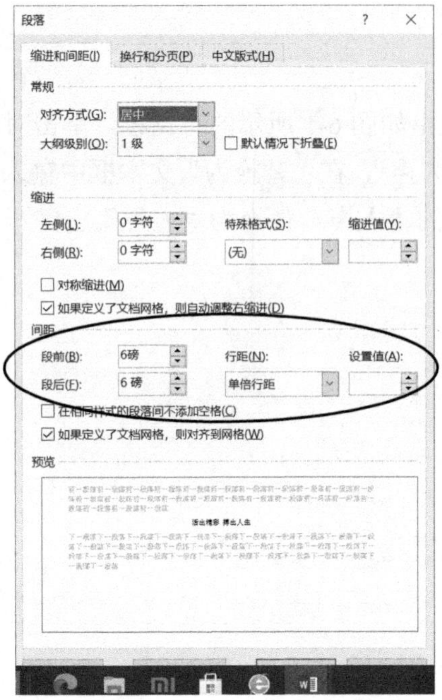

图 6-3 “段落”对话框

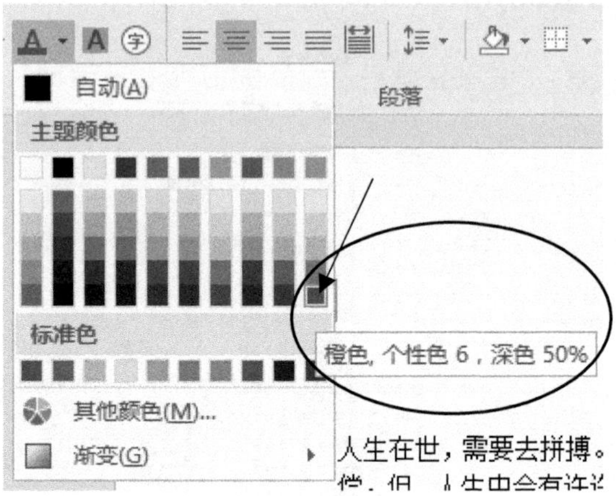

图 6-4 “字体颜色”设置

标题文本效果设置：选中标题文本，右击，在弹出的快捷菜单中单击“字体”命令，在弹出的字体对话框中单击下方的“文字效果”按钮，弹出“设置文本效果格式”对话框，单击上方的“文字效果”按钮，在弹出的对话框中单击“映像”，选择“紧密映像: 4pt 偏移量”，如图 6-5 所示。

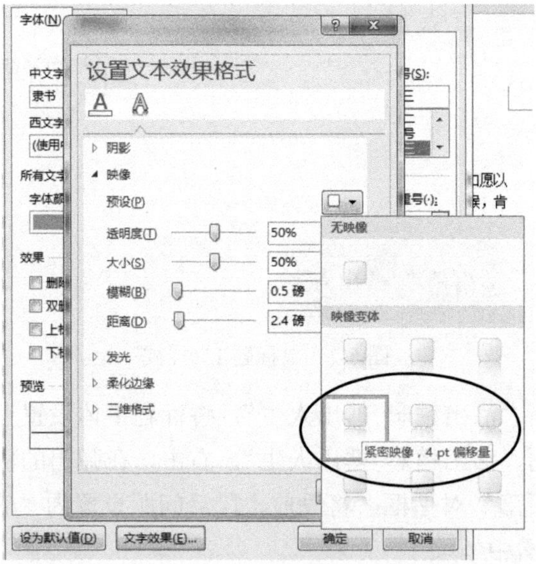

图 6-5 “文本效果”设置

设置好映像效果后，单击“设置文本效果格式”对话框上方的“阴影”，修改标题阴影效果为“内部/内部右上角”，如图 6-6 所示。

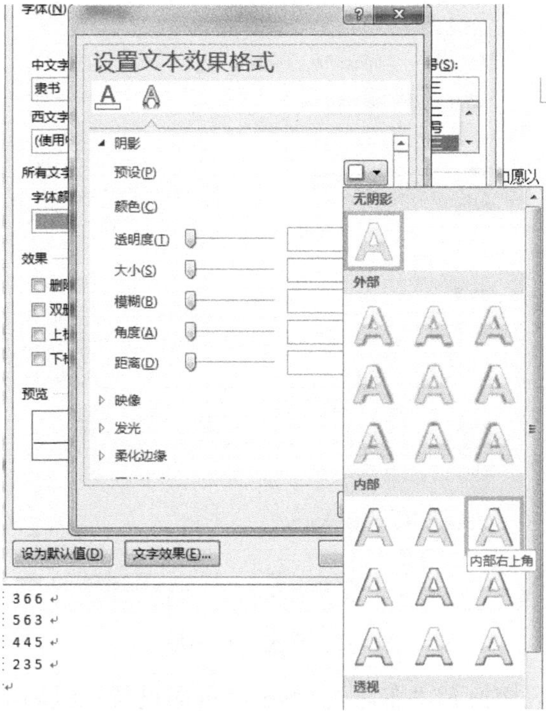

图 6-6　阴影效果设置

3．文档属性设置：功能区切换至“文件”，单击“信息”命令，在右边单击“属性”→“查看更多”命令，如图 6-7 所示，将会弹出“WORD.docx 属性”对话框，在“作者”文本框中输入 NCRER，“单位”文本框中输入 NCRE，“标题”文本框中输入“活出精彩一搏出人生”，如图 6-8 所示。

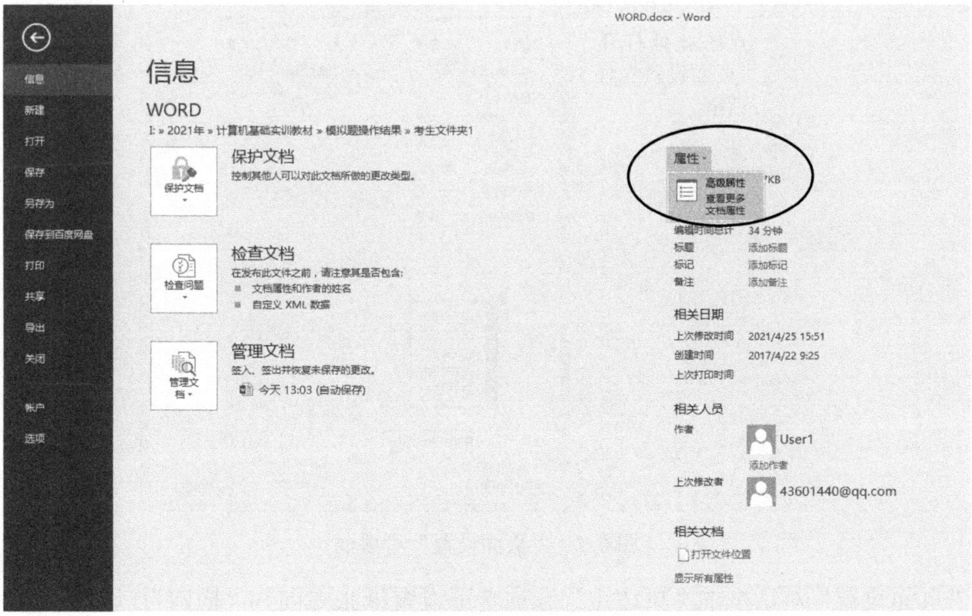

图 6-7　单击“查看更多”

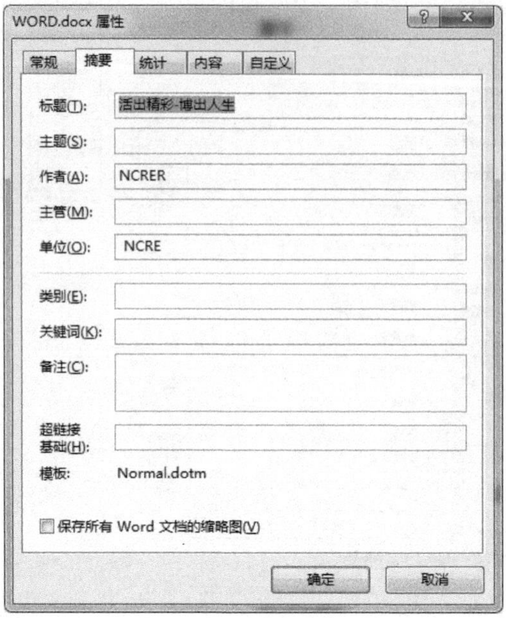

图 6-8　设置文档属性

4．页面设置：功能区切换至“布局”，单击“页面设置”组右下角的对话框启动器，弹出“页面设置”对话框，如图 6-9 所示。

图 6-9　“页面设置”对话框

在“页面设置”对话框的“页边距”选项卡下设置纸张方向为“横向”；设置页边距为上、下各 3 厘米，左、右各 2.5 厘米，装订线位于左侧 3 厘米处。

打开“页面设置”对话框的“版式”选项卡，设置页眉、页脚各距边界 2 厘米。

打开“页面设置”对话框的“文档网格”选项卡，设置每页 24 行。

页眉页脚设置：双击页面最上方的页眉区，即可打开“页眉页脚”工具，在页眉区输入文字“校园报”，设置页眉文字为小四号、黑体、深红色（标准色）、加粗。

水印设置：功能区切换至“设计”，选择右边的“水印”下方的下拉按钮，单击“自定义水印”命令，弹出如图 6-10 所示的“水印”对话框，输入文字“精彩人生”，设置颜色为“橄榄色，个性色 3，淡色 80%”，版式选择“水平”。

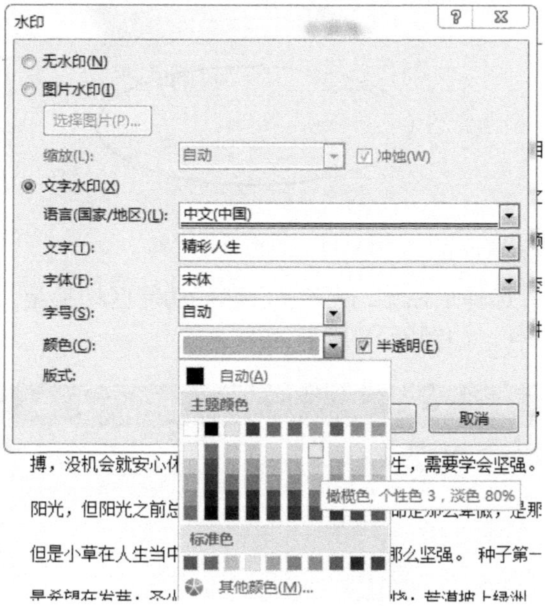

图 6-10　“水印”对话框

5. 字体设置：选择正文 1～2 段（“人生在世，需要……我终于学会了坚强。”），设置其字号为小四号，字体为楷体。

段落设置：选择正文 1～2 段，在“段落”对话框中，设置首行缩进为“2 字符”，行距为“1.15 倍”（“行距”选择多倍行距，然后将数字设置为 1.15）。

分栏：选择正文 1～2 段（“人生在世，需要……我终于学会了坚强。”），功能区切换至“页面布局”，单击“分栏”下方的下拉按钮，单击“更多分栏”命令，弹出“分栏”对话框，单击“两栏”，勾选“分隔线”复选框。

文本格式设置：选中文本（“记住该记住的。忘记该忘记的。改变能改变的。接受不能接受的。”），功能区切换至“开始”，单击字体组中“以不同颜色凸出显示文本”右侧的下拉按钮，在下拉列表中设置为黄色突出显示。

插入图片并设置格式：在“校运动会奖牌排行榜”前面的空行处插入考生文件夹下的图片 picture1.jpg。单击选中图片，在弹出的“图片”工具区的右上角，设置图片的高度为“5 厘米”，宽度为“7.5 厘米”，文字环绕设置为“上下型”。

在图片上右击，单击“设置图片格式”命令，右边出现“设置图片格式”工具区，将艺术效果设置为马赛克气泡、透明度 80%，如图 6-11 所示。

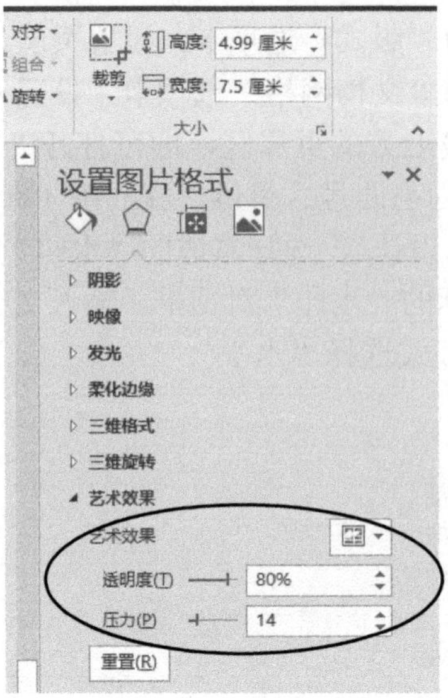

图 6-11　艺术效果设置

6．文字转换为表格：选择最后 12 行文字，然后功能区切换至“插入”，单击“表格”→“文本转换成表格…”命令，如图 6-12 所示。

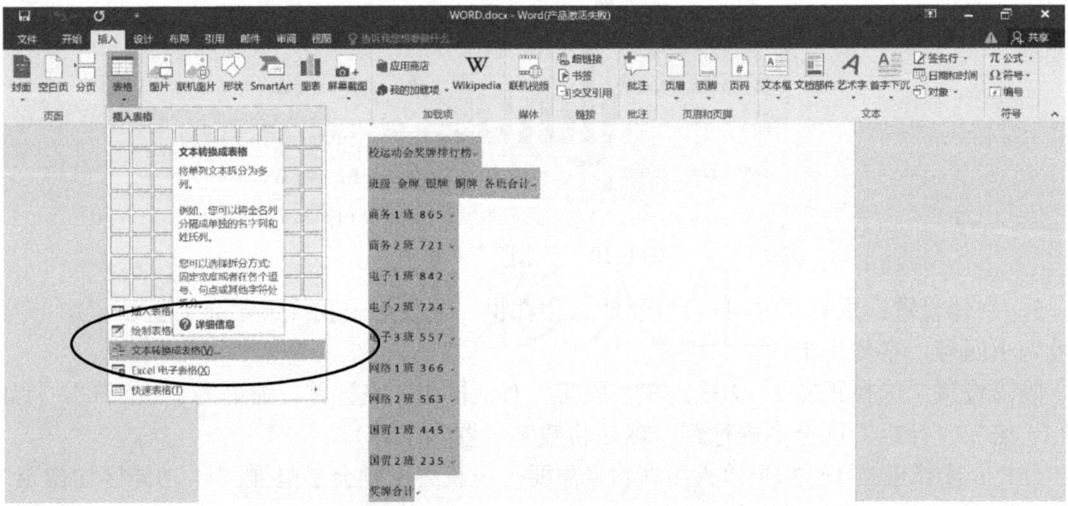

图 6-12　选择“文本转换成表格…”

单击“文本转换成表格…”命令后弹出一个如图 6-13 所示的“将文字转换成表格”对话框。

在该对话框中，列数设置为 5，设置列宽为“2.5 厘米”，选中“文字分隔位置”中的“空格”单选按钮。

设置完成以后，单击“确定”按钮，关闭对话框。

设置行高：选中整个表格，在表格区右击，在弹出的快捷菜单中单击“表格属性”命令，弹出如图 6-14 所示的对话框。单击上面的“行”选项卡，设置行高为 0.5 厘米。

单元格合并：选择表格第 1 行，右击并在弹出的快捷菜单中单击“合并单元格”命令，同时将内容设置为“居中”。

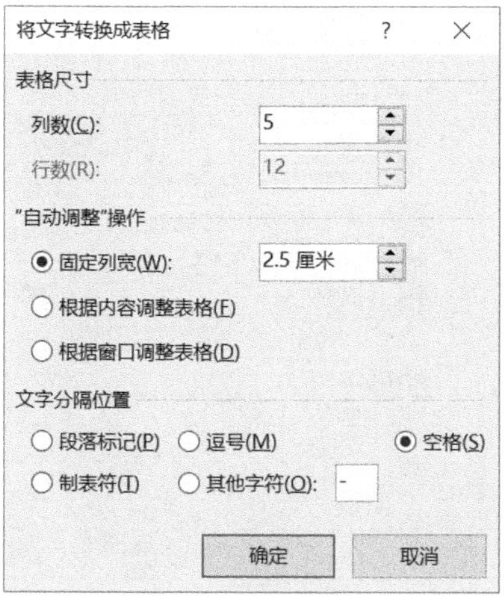

图 6-13　“将文字转换成表格”对话框

图 6-14　“表格属性”对话框

表格样式设置：选中表格，单击上面的表格工具功能区切换至“设计”，单击“表格样式”组中的“网格表 4-着色 2”，如图 6-15 所示。

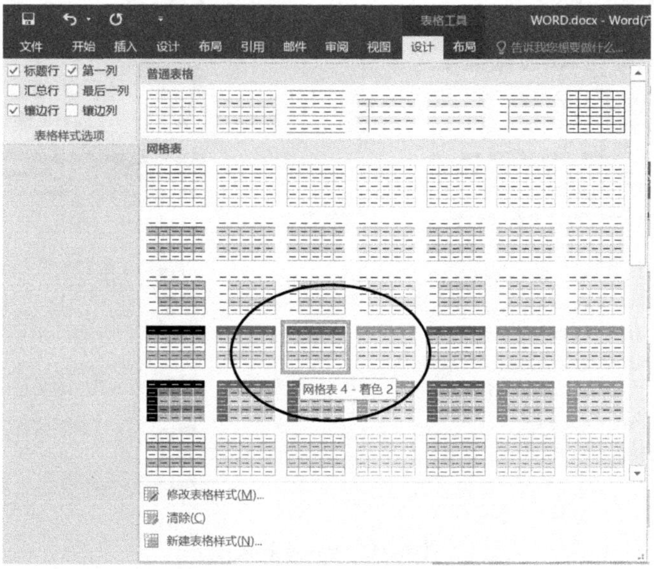

图 6-15　“表格应用样式”设置

单击选中表格，设置表格整体居中。

7．行字体设置：选择表格第 1 行文字，将字体设置为小三号、黑体，字间距加宽 1.5 磅；合计求和：把光标定位到商务 1 班的合计单元格，功能区切换至“布局”，单击工具区右侧的“f_x公式”命令，弹出“公式”对话框，如图 6-16 所示。公式区显示的 SUM(LEFT)表示求左侧数字之和，单击“确定”按钮即可统计各班金牌、银牌、铜牌的合计。以此类推，求出各班合计。

排序：选择 9 个班的数据，功能区切换至“布局”，单击“排序”按钮，弹出如图 6-17 所示的对话框，设置主要关键字为“列 2”，次要关键字为“列 3”，第三关键字为“列 4”，选中右侧所有“降序”单选按钮，然后单击“确定”按钮，即可按指定方式排序。

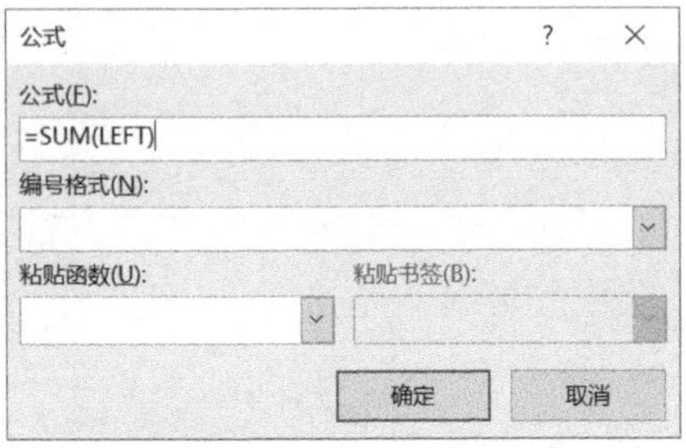

图 6-16 “公式”对话框

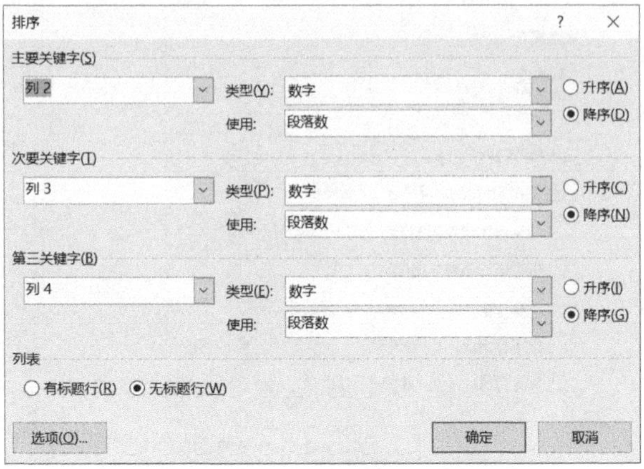

图 6-17 “排序”对话框

Word 部分完成效果如图 6-18 所示。

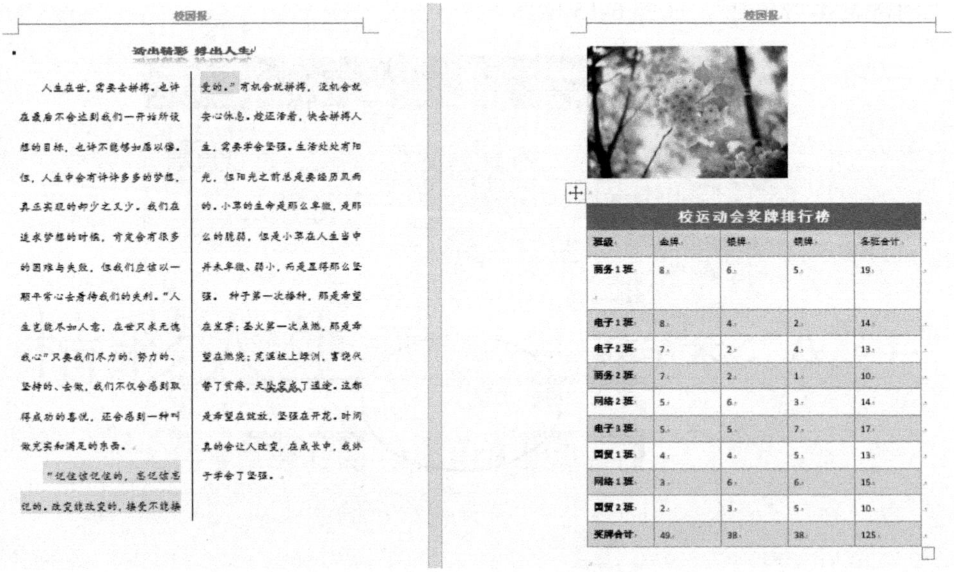

图 6-18 Word 效果图

四、Excel 操作题

打开考生文件夹下的电子表格 Excel.xlsx，按照下列要求完成对此电子表格的操作并保存。

1．合并单元格：选择 Sheet1 工作表的 A1:G1 单元格，功能区切换至“开始”，单击“合并后居中”按钮，即可实现合并居中。

函数：单击 B15 单元格，功能区切换至“开始”，单击“自动求和”按钮，即可求出 B3～B14 的和；利用同样的方法在 D15 内求出 D3～D14 的和。

设置小数位数为 2 位：选择 C3～C14 区域的单元格，右击并选择“设置单元格格式…”命令，在弹出“设置单元格格式”的对话框中，在“分类”列表框中选择“百分比”，小数位数设置为 2，如图 6-19 所示。

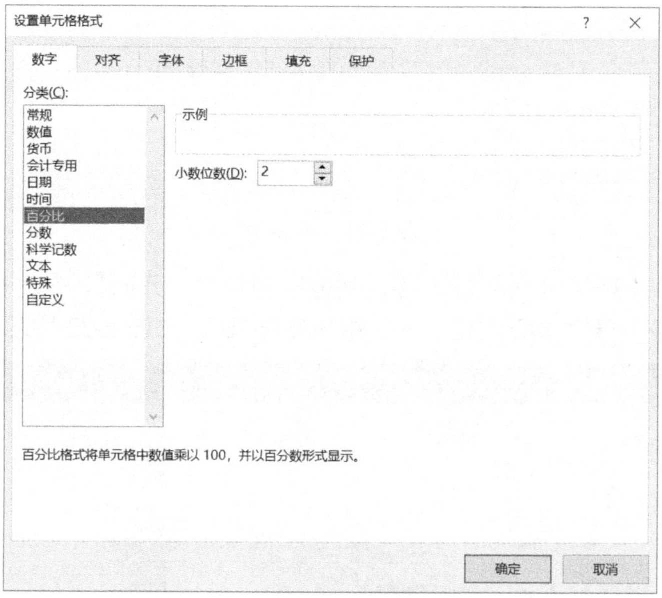

图 6-19　“设置单元格格式”对话框

用同样的方法设置 E3～E14 单元格的格式为百分比型，保留 2 位小数。

计算百分比：单击 C3 单元格，输入“=B3/$B$15”，计算 2015 年 1 月销量占全年总销量的百分比，然后用自动填充的方式拖曳求出 2～12 月份的销量占全年销量的百分比；用同样的方法计算 2016 年每个月销量占全年总销量的百分比 。

注意：$是绝对地址的表示方式，$B$15 表示分母是绝对地址，是不变的。

计算同比增长率：单击 F3 单元格，输入公式“=(D3-B3)/B3”，计算出 1 月份的增长率，然后使用自动填充的方式拖曳出 F4～F14 的内容，同时设置 2 位百分比显示格式。

IF 函数使用：单击 G3 单元格，功能区切换至“开始”，单击“自动求和”右侧的下拉按钮，在打开的下拉列表中单击“其他函数”命令，如图 6-20 所示，在其他函数中选择“IF”，弹出如图 6-21 所示的“函数参数”对话框。其中“Logical_test”表示条件，设置为“F3>=20%”；Value_if_true 表示如果条件成立取何值，这里填“较快”；Value_if_false 表示如果条件不成立取何值，这里填“一般”，然后单击“确定”按钮，即可实现对 F3 的判断，判断结果显示在 G3 中，其结果为“一般”，然后使用自动填充自动拖拽出 G4～G14 的内容。

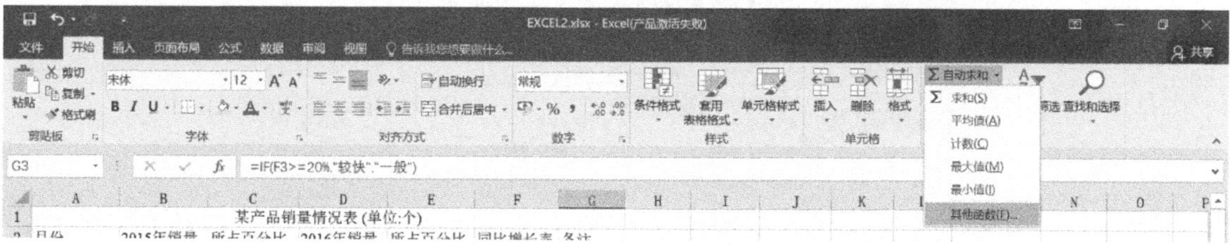

图 6-20　选择“其他函数”

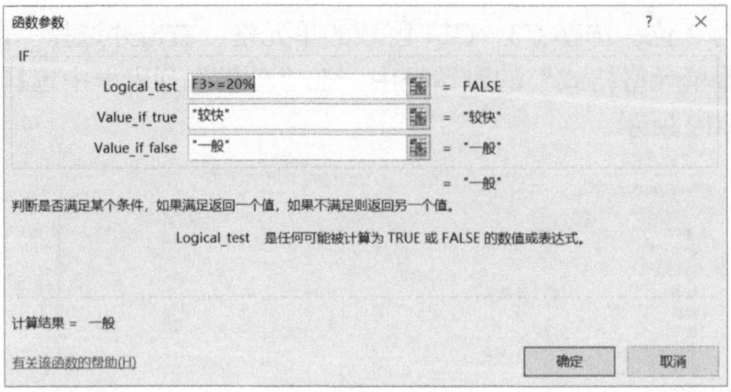

图 6-21 IF 函数

条件格式：选中 F3～F14 区域的内容，功能区切换至“开始”，在“样式”组中单击“条件格式”→“数据条”→“实心填充”→“绿色数据条”，如图 6-22 所示。

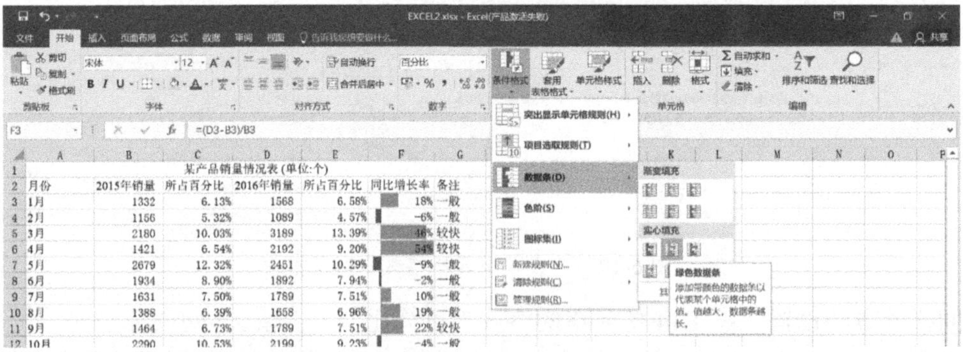

图 6-22 条件格式的设置

2．按住 Ctrl 键，选中 Sheet1 工作表中“月份”列（A2:A14）、“2016 年销量”列（D2:D14）和“同比增长率”列（F2:F14）3 列数据，然后功能区切换至“插入”，单击“图表”下的斜箭头，弹出“插入图表”对话框，如图 6-23 所示。

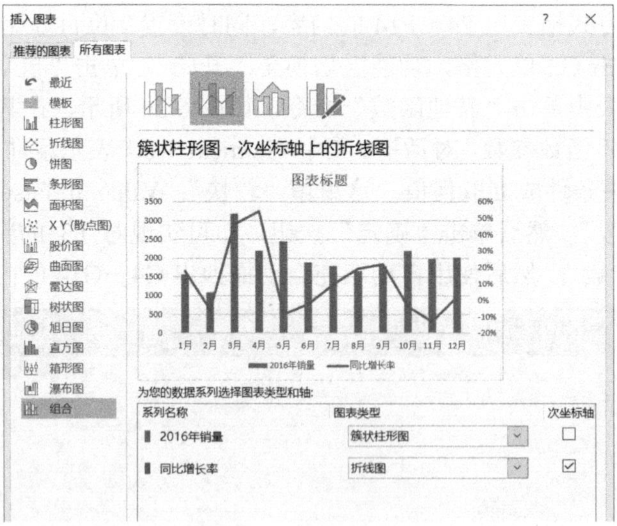

图 6-23 “插入图表”对话框

单击对话框中“所有图表”选项卡，选择最下方的“组合”命令，选择第 2 种组合图表类型，并设置“2016 年销量”系列为主坐标，“2016 年销量”系列的图表类型为“簇状柱形图”；“同比增长率”系列为次坐标，“同比增长率”系列的图表类型为“折线图”；默认图表标题位于图表上方，图例位于顶部，如图 6-23 所示。

在图表区，单击图表标题，输入“同比增长率统计图”。

单击图表区，选择图表右侧的“图表样式”，选择“颜色”，然后单击“颜色 2”，如图 6-24 所示。

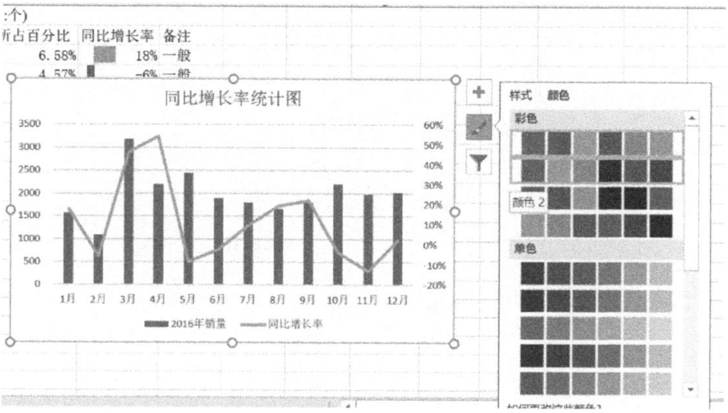

图 6-24 设置图表颜色

在图表区右击，在弹出的快捷菜单中单击“设置图表区域格式”命令，在界面右侧的“设置图表区格式”中，选择“图案填充”，然后单击图案区域的“虚线网格”命令。

单击选择图表，将图表移动到表 A17:G32 单元格区域。

双击工作表名称“Sheet1”，修改名称为“产品销售统计表”。

Sheet1 的效果如图 6-25 所示。

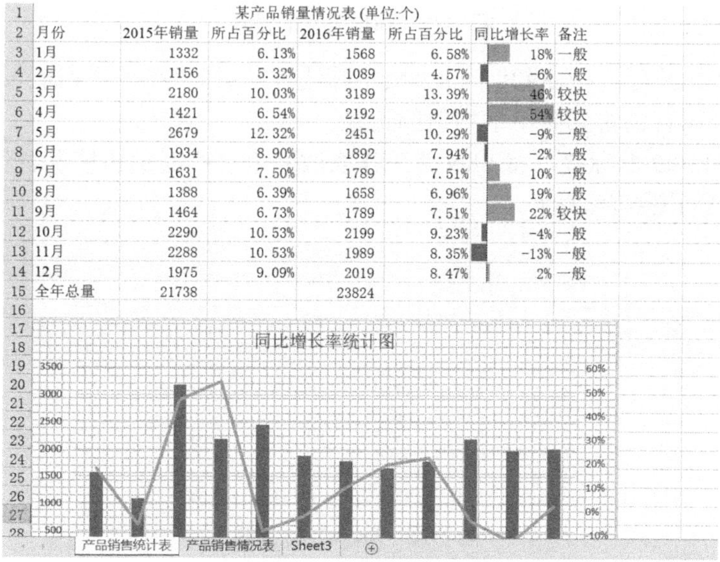

某产品销量情况表(单位:个)

月份	2015年销量	所占百分比	2016年销量	所占百分比	同比增长率	备注
1月	1332	6.13%	1568	6.58%	18%	一般
2月	1156	5.32%	1089	4.57%	-6%	一般
3月	2180	10.03%	3189	13.39%	46%	较快
4月	1421	6.54%	2192	9.20%	54%	较快
5月	2679	12.32%	2451	10.29%	-9%	一般
6月	1934	8.90%	1892	7.94%	-2%	一般
7月	1631	7.50%	1789	7.51%	10%	一般
8月	1388	6.39%	1658	6.96%	19%	一般
9月	1464	6.73%	1789	7.51%	22%	较快
10月	2290	10.53%	2199	9.23%	-4%	一般
11月	2288	10.53%	1989	8.35%	-13%	一般
12月	1975	9.09%	2019	8.47%	2%	一般
全年总量	21738		23824			

图 6-25 Sheet1 效果图

3．筛选：单击 Sheet2 工作表区，功能区切换至“开始”，单击“编辑”组中的“排序和筛选”→“筛选”命令，单击标题栏“分公司”旁的下拉按钮，单击“文本筛选”→“包含”命令，如图 6-26 所示。弹出如图 6-27 所示的对话框。在包含后面的文本框中输入“东”，逻辑运算符选择“或”，第 2 个条件的文本框中输入“西”，然后单击“确定”按钮，即可筛选出所有东部和西部的分公司。

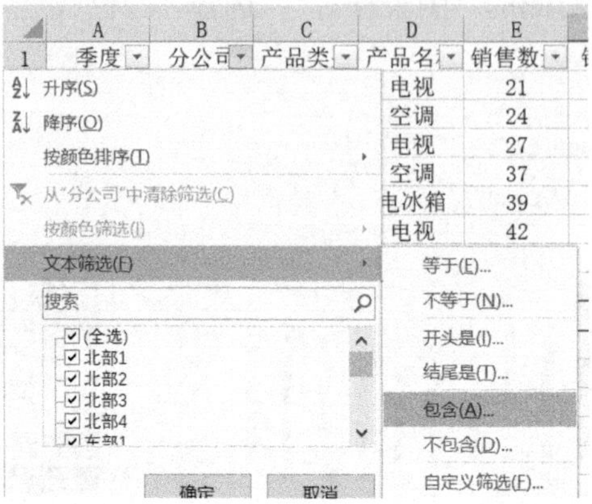

图 6-26　筛选

图 6-27　筛选条件的设置

单击标题栏“销售额”，选择其下的“数字筛选”，选择“高于平均值”，即可筛选出所有东部和西部的分公司且销售额高于平均值的记录。

双击工作表 Sheet2 的标签，将 Sheet2 工作表改名为“产品销售情况表”。

Sheet2 的效果如图 6-28 所示。

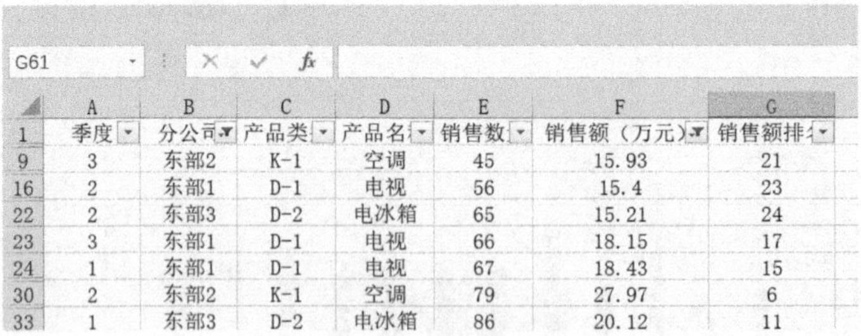

	A	B	C	D	E	F	G
1	季度	分公司	产品类	产品名	销售数	销售额（万元）	销售额排名
9	3	东部2	K-1	空调	45	15.93	21
16	2	东部1	D-1	电视	56	15.4	23
22	2	东部3	D-2	电冰箱	65	15.21	24
23	3	东部1	D-1	电视	66	18.15	17
24	1	东部1	D-1	电视	67	18.43	15
30	2	东部2	K-1	空调	79	27.97	6
33	1	东部3	D-2	电冰箱	86	20.12	11

图 6-28　Sheet2 效果图

保存 Excel.xlsx 文件。

五、PowerPoint 操作题（15 分）

打开考生文件夹下的演示文稿 yswg.pptx，按照下列要求完成对此文稿的修饰并保存。

1．主题设置：功能区切换至“设计”，在“主题”列表中选择“回顾”，如图 6-29 所示。

图 6-29　主题设置

幻灯片大小设置：功能区切换至“设计”，在“幻灯片大小”中选择“宽屏（16:9）”。

放映方式设置：功能区切换至“放映”，单击“放映设置”按钮，在打开的对话框中将放映方式设置为“观众自行浏览”。

2．第 1 张幻灯片

版式设置：在第 1 张幻灯片上右击，在弹出的快捷菜单中选择“版式”中的“两栏内容”，并将幻灯片标题改为“烹调鸡蛋的常见错误”。

插入图片：功能区切换至“插入”，单击“图片”按钮，将考生文件夹下的图片文件 ppt1.jpg 插入到第 1 张幻灯片右侧的内容区。

图片样式设置：在图片上右击，在弹出的快捷菜单中选择“样式”，选中最后一个样式“金属椭圆”。

图片效果设置：单击选中图片，单击工具区的“图片工具”，单击“图片效果”→“三维旋转”→“倾斜-倾斜右上”，如图 6-30 所示。

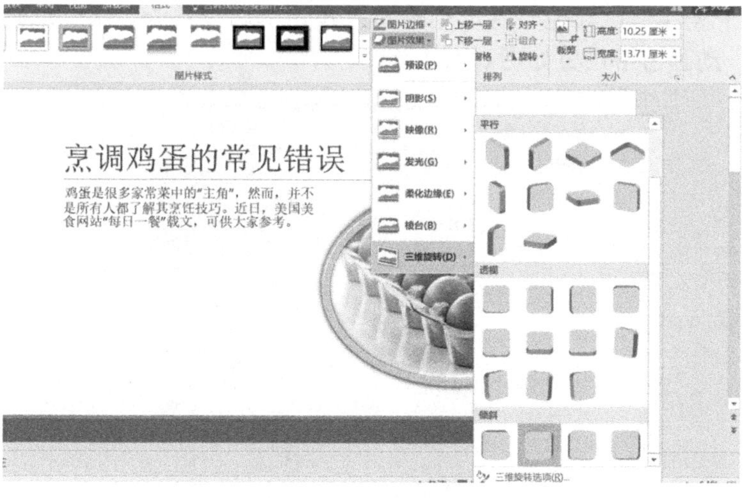

图 6-30　图片效果设置

图片动画设置：单击选中图片，功能区切换至“动画”，将图片动画设置为“强调/陀螺旋”，效果选项设置为“逆时针”。

左侧文字动画设置：单击选中左侧文字，将进入动画设置为“轮子”。

动画顺序设置：在“动画窗格”中，将动画顺序设置为先文字后图片（可以拖动改变动画的先后顺序）。

背景设置：选择第1张幻灯片，功能区切换至“设计”，单击工具区中的“设置背景格式”，在右侧的“设置背景格式”区域单击“填充”，选择“图片或纹理填充”，在纹理中选择“花束”纹理。

3．第2张幻灯片

将第2张幻灯片标题输入为“错误的鸡蛋剥壳方法”。

将考生文件夹下的文本文件ppt2.txt内容复制到第2张幻灯片左侧的内容区。

将考生文件夹下的图片文件ppt2.jpg插入到第2张幻灯片右侧的内容区。

4．第3张幻灯片

将第3张幻灯片版式改为“两栏内容”，将标题内容改为“错误的敲破鸡蛋方法”，将考生文件夹下的图片文件ppt3.jpg插入到右侧的内容区。

5．第4张幻灯片

将第4张幻灯片版式改为“空白”。

插入图形：功能区切换至“插入”，单击“形状”右侧的下拉按钮，在弹出的下拉列表中选中“星与旗帜/竖卷形”。

位置和大小设置：在竖卷形上右击，选择“大小和位置”，右侧就会出现工具面板，将高度设置为“8.6厘米”，宽度设置为“3厘米”。位置设置为“水平：2.3厘米，从：左上角，垂直：6厘米，从：左上角”。

然后将该竖卷形复制，从左至右再粘贴5个大小完全相同的竖卷形。

将考生文件夹下的文本文件ppt4.txt的内容按段落顺序（前6段）依次将烹调鸡蛋的常见错误（每段的第一句话）从左至右分别插入各竖卷形。

选择这6个竖卷形，将动画都设置为“进入/飞入”。

除左边第一个竖卷形，其他竖卷形动画的“开始”均设置为“上一动画之后”，“持续时间”均设置为2。动画窗格设置如图6-31所示。

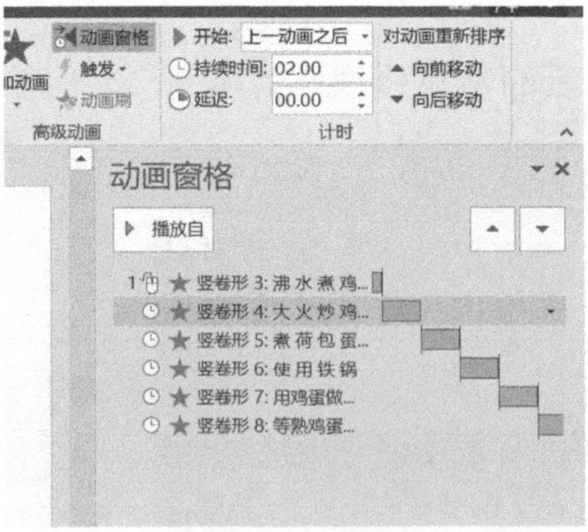

图6-31 动画设置

在备注区插入备注“烹调鸡蛋的其他常见错误”。

6．全体幻灯片切换方式为“旋转”，效果选项为“自底部”。

幻灯片效果如图 6-32 所示。

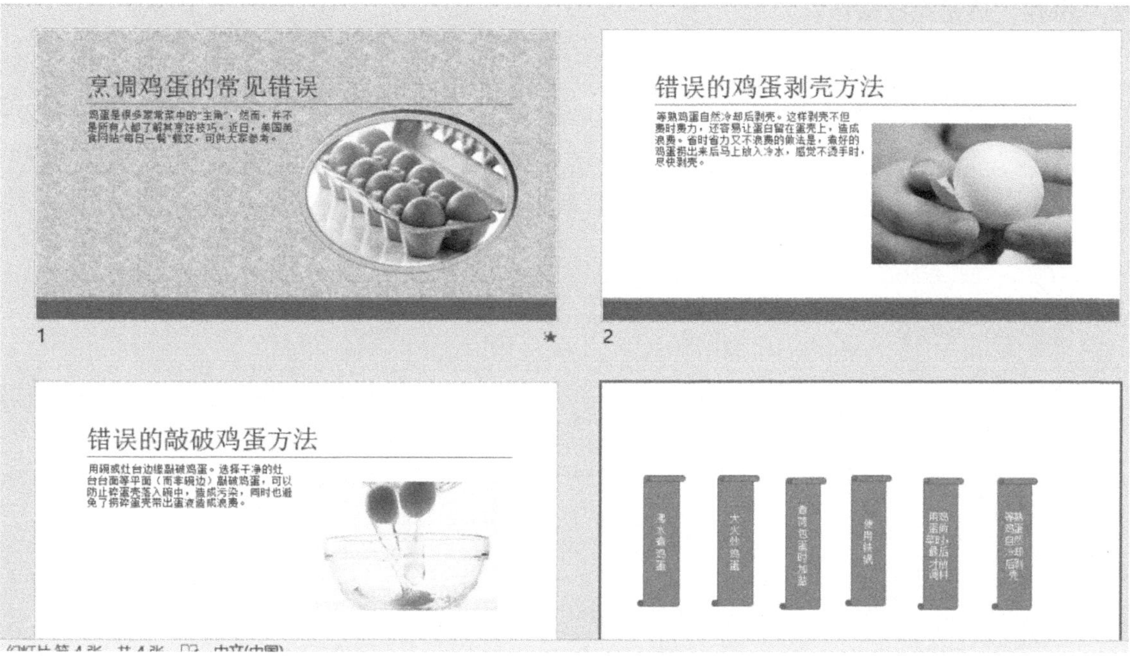

图 6-32　幻灯片效果

六、上网题（10 分）

（1）邮件题。

1）在“考试系统”中选择“答题”→“上网”→Outlook Express 命令，启动 Outlook 2016。

2）功能区切换至“开始”，在“新建”组中单击“新建电子邮件”按钮，弹出“新邮件”对话框。

3）在“收件人”中输入 zhaoguoli@cuc.edu.cn;lijianguo@cuc.edu.cn；在“主题”中输入“紧急通知”；在窗口中央空白的编辑区域内输入邮件的主体内容“本周二下午三时，在学院会议室进行课题讨论，请勿迟到缺席！”

4）单击“发送”按钮，完成邮件发送。

（2）IE 题。

1）在“考试系统”中选择“答题”→“上网”→Internet Explorer 命令，将 IE 浏览器打开。

2）在 IE 浏览器的地址栏中输入网址 http://www.exam8.com，按 Enter 键打开页面，单击“自学”栏目，选择“考试简介”，打开此页面。

3）单击“文件”→“另存为”命令，弹出“保存网页”对话框，定位到考生文件夹，在“文件名”中输入 ncrel.txt，在“保存类型”中选择“文本文件(*.txt)”，单击“保存”按钮完成操作。

4）返回到首页，单击“公共英语”栏目，再选择“考试简介”，打开此页面。

5）单击“文件”→“另存为”命令，弹出“保存网页”对话框，定位到考生文件夹，在“文件名”中输入here2.html，在“保存类型”中选择“网页、仅HTML(*.Html; *.html)”，单击“保存”按钮完成操作。

参考文献

[1] 张宇．计算机基础与应用[M]．2 版．北京：中国水利水电出版社，2014．

[2] 张宇．计算机应用基础[M]．北京：人民邮电出版社，2013．

[3] 张宇．计算机基础与应用实验指导[M]．2 版．北京：中国水利水电出版社，2014．

[4] 龙马高新教育．新手学电脑从入门到精通（Windows 10+Office 2016 版）[M]．北京：北京大学出版社，2016．

读书笔记